HYGIÈNE PUBLIQUE.

TRAITÉ PRATIQUE

DU

LESSIVAGE

DU LINGE

A LA VAPEUR D'EAU.

DEUXIÈME ÉDITION.

PARIS,

CHEZ MAISON, LIBRAIRE,

Successeur d'Audin,

QUAI DES AUGUSTINS, 22.

1840

ÉCONOMIE DOMESTIQUE.

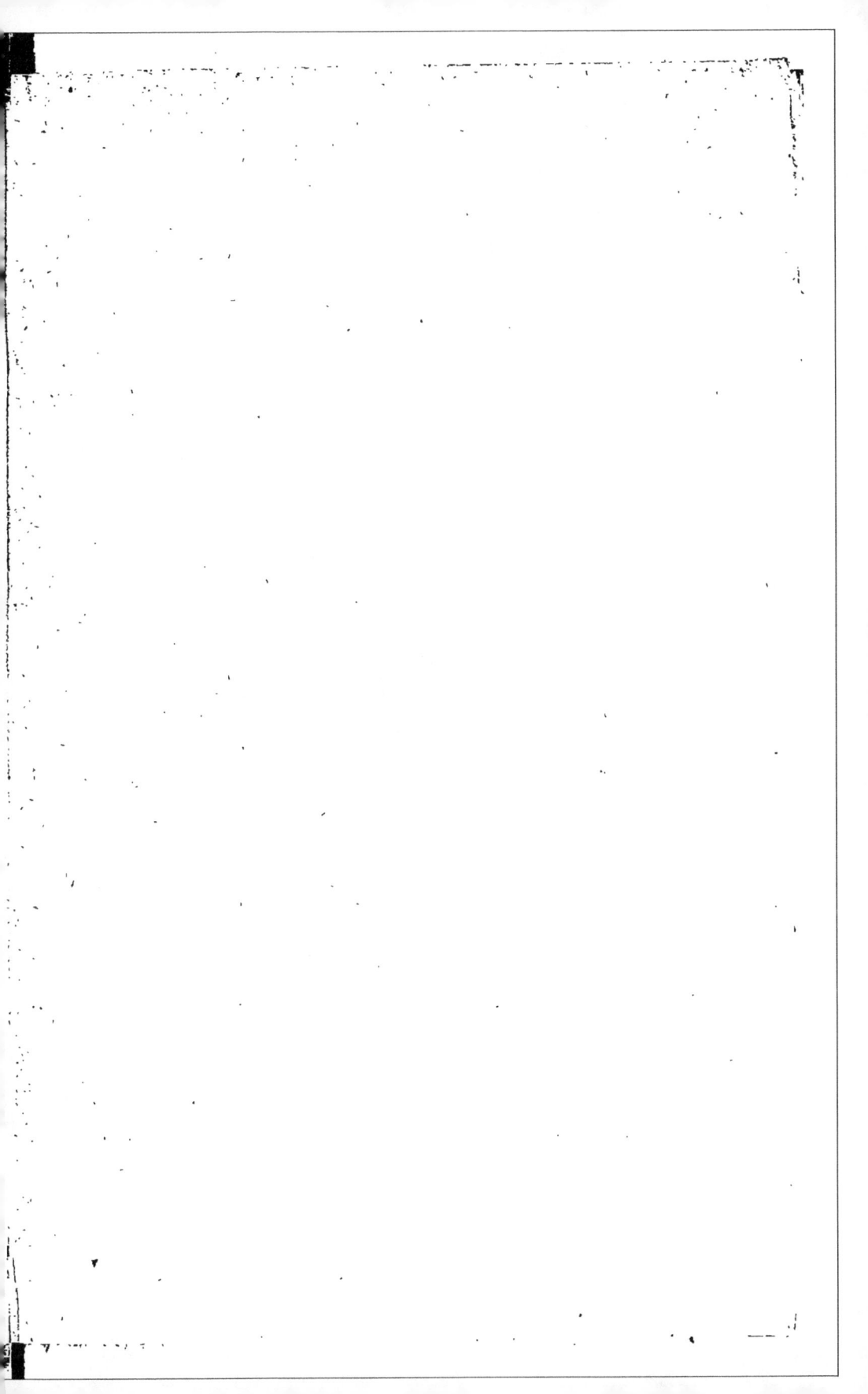

V

LESSIVAGE DU LINGE

A LA VAPEUR D'EAU.

Les dépôts voulus par la loi, pour assurer
le droit de propriété, ont été effectués.

Poitiers, 20 juillet 1840.

SAURIN FRÈRES,
Éditeurs-propriétaires.

Poitiers. — Imp. de F.-A. SAURIN.

TRAITÉ PRATIQUE

DU

LESSIVAGE DU LINGE

A LA VAPEUR D'EAU,

CONTENANT ,

A la suite de notions générales et préliminaires,

1° L'EXPLICATION DES DIVERS SYSTÈMES DE BLANCHISSAGE ;
2° L'INDICATION DES DIMENSIONS ET DISPOSITIONS PARTICULIÈRES
DES APPAREILS POUR LE LESSIVAGE A LA VAPEUR ;
3° LES DÉTAILS DU PROCÉDÉ MÉCANIQUE POUR METTRE
CES APPAREILS EN ACTION.

SUIVI DE PIÈCES JUSTIFICATIVES,

AVEC FIGURES.

Seconde édition revue et augmentée.

PAR

M. LE BARON BOURGNON DE LAYRE,

Conseiller à la Cour royale de Poitiers, Officier de la Légion-
d'Honneur, Membre de la Société d'agriculture, belles-lettres,
sciences et arts de Poitiers, de la Société des antiquaires de
l'Ouest, de celle de Picardie , etc. , etc.

PARIS,

CHEZ MAISON, LIBRAIRE, SUCCESSEUR D'AUDIN,

QUAI DES AUGUSTINS , 29.

1840.

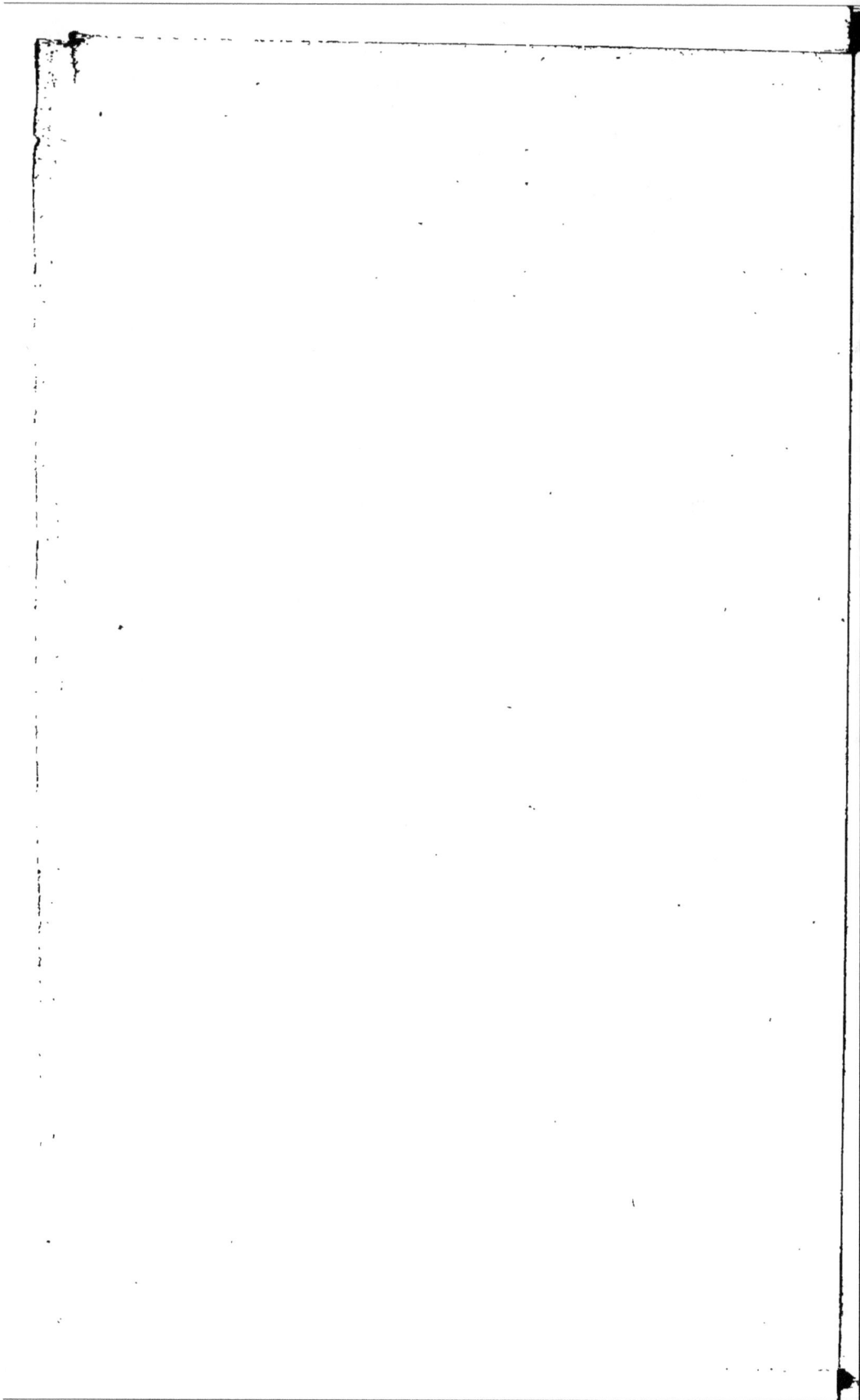

AVERTISSEMENT

SUR CETTE SECONDE ÉDITION.

———

La première édition de ce *Manuel* ayant été promptement épuisée (malgré les contrefaçons qui en ont été faites en Suisse et en Belgique, et les traductions ou extraits en

1

italien, imprimés à Turin et à Mantoue), nous publions une seconde édition plus complète que la précédente.

L'auteur, sur notre demande, a retouché son manuscrit, rectifié certaines énonciations, et corrigé quelques erreurs de chiffres; il a, en outre, refondu dans l'ouvrage de nouvelles et importantes observations, dues à la continuité de ses soins et de ses travaux, qui viennent confirmer de plus en plus l'excellence du système de lessivage qu'il a ravivé et perfectionné.

De notre côté, nous avons ajouté à cette édition un procès-verbal d'expériences authentiques, faites en 1838 par ordre de l'autorité, ainsi que la conclusion d'un rapport adressé par la *Société d'encouragement pour l'industrie nationale* à M. le ministre de l'intérieur, en 1839.

Sans doute que ces constatations et approbations officielles étaient superflues ; mais elles sont essentiellement de nature à convaincre les plus incrédules.

Désormais la question est résolue, et, quels que soient les entêtements de la vicieuse routine suivie par les blanchisseurs, le *lessivage à la vapeur* finira nécessairement par être

le seul pratiqué : nous nous félici-
terons d'avoir contribué par nos
publications à cet heureux résultat.

———

AVIS DES ÉDITEURS.

——

En publiant ce *Manuel*, l'auteur n'a cédé qu'au désir d'être utile, et de généraliser l'adoption et la mise en œuvre d'un procédé qui intéresse au plus haut degré l'économie domestique et l'hygiène publique.

Il ne se donne pas comme l'inventeur de ce précieux système : la gloire en est à *Chaptal* ; mais l'ex-

périence lui ayant fait découvrir
plusieurs heureux perfectionnements, il a cru nécessaire de les
faire connaître, en coordonnant,
complétant et simplifiant les prin-
cipes et les règles que l'habile éco-
nomiste *Curaudau* avait établis le
premier, après la découverte de
Chaptal.

L'auteur de ce petit *Traité* eût
pu faire du *lessivage à la vapeur*
l'objet d'une vaste et lucrative spé-
culation : plusieurs industriels le
lui ont proposé ; il lui eût suffi de
prendre un brevet pour les perfectionnements qu'il a apportés à
ce système de blanchissage, et dont
les bons résultats sont sanctionnés
par un long usage constamment
couronné d'un plein succès. Mais il

a préféré l'intérêt général au sien propre.

Pour rendre cette découverte populaire, il s'est donc principalement attaché à donner des détails méthodiques, et à formuler des préceptes clairs et précis, après la lecture desquels l'application pratique du procédé ne peut présenter aucune espèce de difficultés.

TRAITÉ PRATIQUE

LESSIVAGE DU LINGE

A LA VAPEUR D'EAU.

INTRODUCTION.

Pour bien concevoir ce qui constitue l'ensemble des opérations, fort simples en elles-mêmes, du blanchissage du linge sale par les alcalis et l'agent de la vapeur d'eau, que nous appelons *lessivage à la vapeur*, il est indispensable d'examiner la théorie et la pratique générale du blanchissage usuel, et de les comparer avec celles de ce système particulier; d'expliquer ensuite la disposition et la con-

1*

struction spéciale des appareils, fourneaux, cuves, etc.; puis enfin de détailler le procédé mécanique à l'aide duquel on fait fonctionner ces appareils.

Ces trois divisions principales, naturellement indiquées, seront celles de ce manuel.

Mais, avant de nous livrer à ces développements, il n'est pas inutile d'aborder quelques considérations générales.

NOTIONS PRÉLIMINAIRES.

Il ne faut pas confondre le *blanchiment* avec le *blanchissage*, qui diffèrent essentiellement l'un de l'autre.

Le *blanchiment* a pour but de dépouiller les fibres végétales de leur principe colorant, et en général de les rendre propres à prendre les teintures; il s'applique principalement aux tissus de chanvre, lin, coton, etc., soit qu'on veuille seulement les blanchir, ou les disposer à recevoir d'autres préparations. Il se modifie éga-

lement dans son application aux laines,
à la soie, aux papiers, à la cire , etc. , etc.

Le *blanchissage*, au contraire , n'a pour
objet que d'enlever les corps qui salissent
le linge de fil ou de coton ; et ces corps
étant en général de nature grasse , les
alcalis agissent sur eux en les saponifiant.
Voilà pourquoi les lessives alcalines et les
savons sont généralement en usage ; c'est
de leur meilleur emploi et du bon choix
de ces agents, que dépend la perfection du
blanchissage.

Beaucoup de substances diverses sont
employées au *blanchiment*.

Les principales sont :

1° L'acide HYDRO-CHLORIQUE ; vulgaire-
ment *esprit de sel*, *acide marin*, *acide muriatique* , qui agit avec beaucoup d'énergie
sur les tissus.

2° L'acide OXALIQUE ; SUR-OXALATE DE PO-
TASSE , ou *sel d'oseille*, *oxalate acidule de*

potasse, *bi-oxalate de potasse*. Ces substances servent aussi à enlever les taches
de fer , d'encre , de boue de ville sur les
tissus.

3° L'acide cɪᴛʀɪǫᴜᴇ ; sert également aux
dégraisseurs.

4° L'acide sᴜʟᴘʜᴜʀᴇᴜx ; *deuto-sulphu-
rique*, détruit la plupart des couleurs végétales ou animales , enlève les taches de
fruits rouges sur le linge.

5° L'oxide de ᴘᴏᴛᴀssɪᴜᴍ ᴏᴜ ᴘᴏᴛᴀssᴇ ;
appelé aussi , selon ses variétés d'origine ,
*alcali végétal, sel d'absinthe , sel de cen-
taurée, sel de tartre , sel de chardon bénit ,
cendres gravelées, salin, perlasse, pierre à
cautère, protoxide de potassium* ; se trouve
dans les cendres de tous les végétaux combinés avec les acides.

La potasse est un des plus puissants
agents du blanchiment.

Sur cent parties des arbres ou autres
végétaux dont l'indication suit, on obtient
les résultats que voici ; savoir :

Le hêtre fournit......	0,584 de cend. et	0,145 d'alcali.
Le chêne.............	1,351 —	0,253 —
Le saule.............	2,800 —	0,185 —
La bruyère....	2,901 —	0,840 —
Les ceps de vigne.....	3,379 —	0,550 —
La fougère des bois....	5,007 —	0,625 —
L'ortie commune......	10,671 —	2,503 —
Les feuilles d'oranger..	14,240 —	2,404 —
L'écorce de marr. d'Inde.	18,460 —	4,840 —
Le tournesol..........	20,700 —	4,000 —
La fumeterre......	22,100 —	8,015 —

Il ressort de ces données et de beaucoup d'autres, qui ont été vérifiées par plusieurs chimistes, et notamment par *Kirwan, Pertuis* et *Julia Fontenelle*, que les arbres produisent moins de potasse que les arbrisseaux, et ceux-ci, moins encore que les plantes : la meilleure potasse se tire de Russie et d'Amérique.

6° L'oxide de SODIUM ou SOUDE ; dans le commerce : *alcali minéral, craie de soude, sous-carbonate de soude, méphyte de soude, natron, sel de soude, soude carbonatée, cristaux de soude;*

Provient de la combustion de plusieurs plantes marines, des salicors, varechs, etc.;

on l'extrait aussi artificiellement du sel marin.

Les soudes naturelles sont classées ainsi qu'il suit ; nous n'indiquerons que les principales espèces.

Un kilogramme de cendre des plantes marines suivantes donne, savoir :

ESPÈCES des PLANTES.	QUANTITÉS de SOUDE.	QUANTITÉS d'hydrochlorate DE SOUDE.
	kil.	kil.
1° La doucette........	0,040045	0,290638
2° La blanquette.....	0,160620	0,305940
3° Le varech.........	0,275350	0,030592
4° Salicor de Montpel.	0,435968	0,183560
5° Id. de Narbonne.	0,475907	0,160620
6° Barille (Alicante)..	0,522003	0,152972

On voit que les soudes d'Alicante sont les plus riches.

Mais les soudes factices, tirées du sel marin, sont en définitive préférables, et le commerce n'en débite guère d'autres. Elles ont l'avantage d'être épurées, et on peut les avoir toujours identiques. C'est à

Chaptal, *Darcet* et *Anfryc*, que sont dus la découverte des soudes factices et le perfectionnement de leur fabrication.

La soude a été longtemps confondue mal à propos avec la potasse, sous le nom générique d'*alcali* ; ce n'est qu'en 1745 que plusieurs chimistes firent connaître les différences qui les caractérisent ; nous parlerons plus loin de quelques-unes.

Nous nous sommes un peu étendus sur la *potasse* et sur la *soude*, et nous y reviendrons encore, parce que ces deux substances, que l'on emploie pour le *blanchiment,* peuvent servir aussi au *blanchissage.*

7° Le CHLORE et tous ses composés ; qui, grâce à *Berthollet*, ont fait une révolution complète dans l'art du blanchiment.

Parmi les nombreux agents dus aux combinaisons du *chlore*, nous ne remarquerons ici que le *chlorure de soude*, qui décolore l'indigo, et le *chlorure de potasse,* généralement connu sous le nom d'*eau de Javel*, l'un des corrosifs les plus puissants.

8° L'eau oxigénée, découverte par *Thénard*...

Tels sont les principaux agents que la chimie emploie pour le *blanchiment* des tissus. La soude et la potasse sont souvent traitées par l'*oxide de calcium* ou la chaux, pour les rendre plus caustiques; et on les combine presque toujours, en outre, avec l'acide muriatique ou *chlore*, ainsi que nous l'avons déjà indiqué.

On sent que, pour décolorer les fibres des tissus, il fallait des mordants énergiques, puisque cette opération attaque et altère nécessairement ainsi la substance de ces tissus. Cela est si vrai, qu'en général les toiles écrues perdent 30 pour cent de leur poids par le *blanchiment*.

On sent également que des agents aussi actifs ne pourraient être employés sans de graves inconvénients au simple *blanchissage* des tissus salis, qu'il faut nettoyer et non pas user, qu'il faut repurger et non corroder; mais nous avons cru utile de donner ces détails abrégés, que nous avons restreints le plus possible, sans recourir à l'explication des procédés de mise en œuvre, qui ne rentrent pas dans l'objet de notre travail.

Le *blanchissage* du linge, jusqu'à l'époque à laquelle on imagina des innovations dont nous parlerons plus loin, se bornait à l'emploi, dans les lessives, de quelques-unes des substances usitées pour le *blanchiment*, et c'est encore ce qui se pratique presque partout.

Examinons successivement ces substances.

1° LES CENDRES.

Les cendres, produit de la combustion des végétaux et principalement du bois, ne contribuent au nettoiement du linge *que* par la potasse qu'elles contiennent. La quantité de ce sel lixiviel varie selon l'espèce, l'âge ou la nature du bois ou du végétal qui a produit la cendre ; la nature du sol sur lequel le bois a crû y contribue aussi.

D'un autre côté, si le feu a été très-violent, les cendres sont en partie vitrifiées, et toute la potasse n'est plus soluble; celle contenue dans les cendres est aussi, dans ce cas, plus ou moins à l'état caustique.

Nous avons vu plus haut quelle disproportion énorme existait entre le produit, en cendres et en potasse, des diverses espèces d'arbres, arbustes ou autres végétaux.

En employant des cendres, presque toujours mélangées, on ne sait donc jamais exactement ce qu'on emploie, ni conséquemment quelle quantité d'alcali elles peuvent contenir. En en mettant dans les cuviers à lessive, proportionnellement les mêmes quantités, on risque d'en employer trop ou trop peu, et c'est ce qui arrive presque toujours; de là tant de mauvaises lessives, dont on ignore la véritable cause.

Bien plus, les cendres de bois, qu'on emploie partout à cet usage, contiennent une matière extractive qui colore la lessive et tache ou salit le linge ; aussi, quand on le retire des cuves, il est roux, et il faut une grande quantité de savon pour achever de le blanchir. Souvent aussi les cendres contiennent des matières végétales ou animales qui ne sont pas entièrement brûlées, du fer et d'autres métaux , qui font des taches indélébiles sur le linge.

On peut un peu diminuer ces inconvénients en lavant les cendres, les préparant à l'aide de quelques procédés , puis en pesant leur degré de concentration à l'aréomètre ; mais ces procédés sont longs, nécessairement dispendieux , et généralement trop difficiles à exécuter convenablement, pour être confiés avec sécurité à des domestiques ou des blanchisseurs ignorants ou peu soigneux.

Il y a donc toujours incertitude à employer les cendres, dont la force n'est jamais bien connue , sans parler des autres inconvénients que nous avons signalés et qui sont inhérents à cette espèce de lessive.

Il vaudrait mieux renoncer tout-à-fait à se servir de cendres , et les laisser à l'agriculture et aux arts, qui les utilisent d'une manière plus profitable. A Paris, on ne fait presque aucun cas des cendres pour les lessives.

On sait que la cendre de houille ne peut servir au blanchissage.

2° LA POTASSE.

Nous avons dit ce qu'était cet alcali, que l'on extrait des cendres de bois et autres végétaux. On le sépare, par diverses opérations, de la partie terreuse ou autres substances qui se trouvent dans les cendres.

Ce sel, tel qu'il se vend dans le commerce, est presque toujours à l'état caustique, et exerce sur le linge une action trop énergique et qui en altère nécessairement le tissu. On sait que l'*eau seconde* des peintres en bâtiments est faite avec de la potasse à fortes doses, et combien grande est son action corrosive : l'*eau de Javel* est du *chlorure de potasse*, ainsi que nous l'avons dit plus haut.

Cette énergie d'action qu'exerce la potasse est très-utile pour le *blanchiment* des toiles écrues, mais est fort nuisible pour le *blanchissage* du linge sale, parce qu'elle attaque les tissus en les nettoyant. Toutefois les blanchisseurs, de Paris surtout, l'emploient dans leurs lessives ; ils la rendent même souvent entièrement caustique en la traitant par la chaux. Ils obtiennent par là l'avantage de repurger le linge avec moins de peine et plus promptement, et c'est ce qui explique sa rapide destruction : heureux encore le propriétaire, quand son blanchisseur n'emploie pas la chaux pure à grandes doses, l'eau de Javel ou d'autres chlorures, qui corrodent et brûlent encore plus promptement les tissus du linge.

On pourrait néanmoins se servir de la potasse dans les lessives ; mais on voit qu'il faudrait prendre de grandes précautions, dont l'oubli aurait les plus fâcheux inconvénients. Il vaut donc mieux renoncer à employer ce puissant alcali à cet usage, d'autant plus qu'il en existe un autre qui coûte beaucoup moins cher, est bien préférable pour obtenir un beau blanchissage, et ne présente *aucun* des inconvénients de la potasse ni des cendres dont on extrait cet alcali.

3° LA SOUDE.

La soude, ainsi qu'on l'a dit, a de l'analogie, quant à ses propriétés physiques, avec la potasse, mais ne doit pas être confondue avec elle d'après ses combinaisons chimiques.

Réduite à l'état de carbonate, la soude n'a nullement la causticité de la potasse; et son action, *dans aucun cas*, ne peut altérer les tissus du linge, car elle agit à la manière des savons (1), qui donnent de la douceur et du moelleux. L'expérience prouve même qu'en général les lessives ordinaires faites à la soude brute communiquent au linge un degré de blancheur qu'on ne peut obtenir avec les cen-

(1) On sait que la soude entre pour une forte partie dans la composition des savons.

dres ni avec la potasse, qui colorent *toujours* le linge.

Une autre différence qui existe entre la soude et la potasse consiste dans leur capacité de saturation. Ainsi, quoique la potasse agisse fortement sur le tissu du linge, la quantité d'un acide quelconque qui exige, par exemple, 100 parties de soude pour perdre des propriétés acides, ne les perdrait qu'avec près du double de potasse.

Nous avons vu qu'autrefois la soude était exclusivement le produit de la combustion de plantes qui croissent sur les bords de la mer, principalement dans les pays méridionaux et surtout en Espagne. La cendre de ces plantes, assez fortement calcinée pour subir une demi-vitrification, était mise dans le commerce en masses grisâtres et fort dures.

Depuis qu'on est parvenu à extraire la soude du sel marin, on en consomme peu d'autre en France, si ce n'est pour la fabrication du verre : celle-ci a à peu près le même aspect que la première, et elle en a toutes les qualités, avec l'avantage de n'être pas mélangée d'autres sels, qu'on peut aisément en séparer par la fabrication.

On peut employer l'une ou l'autre espèce de ces soudes brutes en masses grises et indifféremment dans les lessives, quoiqu'elles les colorent encore un peu.

Mais on extrait par lixiviation de ces deux mêmes espèces de soude, et surtout de la soude artificielle, un sel en cristaux blancs et transparents, qui est connu sous le nom de *cristaux de soude* ou *carbonate de soude*, et qui se compose de soude pure saturée d'acide carbonique.

Ce carbonate de soude n'a pas l'inconvénient des soudes brutes, puisqu'il est absolument incolore ; il a de plus l'avantage immense de ne contenir aucune matière étrangère et d'être toujours identique, c'est-à-dire qu'il contient toujours la même quantité de soude pure : on peut enfin calculer exactement sa force de con-

centration à l'aide de l'alcalimètre. Généralement les cristaux de soude marquent
de 30 à 32 degrés.

On est même parvenu à les dégager de
leur partie aqueuse et à les réduire en sels
pulvérisés. En cet état de plus grande concentration, les sels de soude marquent
communément environ 75 degrés à l'alcalimètre, et quelquefois 90 ; mais, par une
bizarrerie dont nous ne pouvons donner
de raison satisfaisante, l'emploi de ces sels
dans les lessives n'a pas, dans la pratique,
produit d'aussi favorables résultats, pour
le parfait blanchissage du linge, que celui
des cristaux de soude.

C'est donc à ces cristaux (carbonate de
soude), très-communs dans le commerce,
et qu'on se procure à un prix fort peu
élevé, qu'on doit donner la préférence
sur *toutes autres substances*, quand on
veut obtenir, à bon marché, du linge parfaitement blanc, bien nettoyé de toutes
impuretés, et sans que son tissu soit attaqué.

2

Nous pensons qu'il est superflu de s'étendre davantage à cet égard , et de parler de quelques autres substances qu'on a essayé d'employer pour le blanchissage du linge, telles que le *marron d'Inde*, la *pomme de terre*, la *saponaire*, le *riz*, le *pain*, le *son*, l'*argile*, le *savon végétal de la Jamaïque, les terres smectiques*, etc., etc. En effet, ces diverses substances, qu'on ne pourrait d'ailleurs se procurer toujours facilement ou en assez grandes quantités, dont l'emploi, souvent difficile ou inopportun, n'offre pas des résultats certains et satisfaisants, ou dont le prix serait fréquemment fort élevé, ne peuvent, sous aucun rapport, être comparées à la soude carbonatée, que la chimie proclame hautement et avec raison comme l'agent le moins cher, le plus sûr et le plus efficace pour le blanchissage du linge, données que l'expérience confirme tous les jours.

Nous terminerons sur ce point, en indiquant quelle doit être la force des lessives, quand on a employé, soit des cen-

dres, soit de la potasse , soit de la soude ,
dans leur composition; ce tableau est dû
à M. *Robiquet.*

INDICATION de la substance employée.	LINGE DE CUISINE		LINGE DE CORPS	
	mouillé.	sec.	mouillé.	sec.
Lessive avec cendres..........	7 degrés.	6o	3o	2 1/2
Lessive avec potasse, soude brute ou carbonatée...	6o	5o	2 1/2	2o

Ces degrés sont mesurés à l'aréomètre
de *Baumé;* mais ici il ne s'agit pas des
quantités en poids de chaque matière employée.

Après ces notions préliminaires , nous
allons entrer dans le développement des
trois divisions de ce traité.

CHAPITRE PREMIER.

DES DIVERS SYSTÈMES DE BLANCHISSAGE.

Le *blanchissage* est une opération à la faveur de laquelle on doit parvenir :

1° A enlever au linge de corps les émanations alcalescentes dont il est imprégné par l'usage ;

2° A ôter du linge de table et de cuisine les matières grasses et sales qu'il est destiné à recevoir ;

3° Enfin, à donner au linge en général la plus grande partie possible de l'éclat et de la blancheur qu'il avait étant neuf.

Cette opération est ainsi commandée par la propreté et la salubrité : elle doit fournir, en effet, le moyen d'enlever des vêtements les miasmes putrides dont les émanations du corps les pénètrent. L'on

remarque que les peuples naturellement
sales sont sujets à des maladies psoriques
que ne connaissent pas les nations accou-
tumées à la propreté, et que la peste elle-
même n'exerce plus ses ravages que
dans l'Orient et chez les peuples où la
malpropreté est héréditaire et pour ainsi
dire endémique.

Ces différentes considérations, qui pourraient être facilement étendues et qui s'ap-
pliquent spécialement aux hôpitaux, où
l'on traite les maladies et les plaies de
toute nature, et où le linge sert en com-
mun, prouvent donc que le blanchissage
est une opération des plus importantes;
elle intéresse non-seulement les familles
particulières, mais aussi la grande famille
tout entière, ou l'hygiène publique.

A ces divers titres, la science ne pou-
vait rester étrangère à ces opérations qui
se pratiquent chaque jour dans le foyer
domestique, et la société ne devait pas
demeurer indifférente aux bienfaits qu'ont
répandus sur différentes branches de l'éco-

2*

nomie générale les découvertes des chimistes modernes.

Avant de parler de ces découvertes et de leur application particulière au nettoiement du linge, examinons en quoi consiste le blanchissage tel qu'on le pratique routinièrement partout ; examinons en même temps quels en sont les inconvénients et les manipulations superflues ou nuisibles.

ARTICLE PREMIER.

DES ANCIENNES LESSIVES.

Le procédé généralement usité est mauvais et peu économique ; il comprend six opérations distinctes :

1° L'*essangeage* ou *échangeage* ;
2° L'*encuvage* ;
3° Le *coulage a froid* ;
4° Le *coulage à chaud* ;
5° Le *savonnage* ;
6° Le *rinçage* ou *lavage*.

§ Ier.

Essangeage.

Cette opération consiste à laver le linge sale dans une eau claire et courante, autant que possible, afin de le débarrasser de tout ce qui peut être soluble à l'eau ; on y emploie même du savon, afin de mieux enlever les taches. Pour l'essangeage, il faut nécessairement tordre et frotter le linge ; presque partout on le frappe avec des battoirs, ou on le brosse, à grande force de bras, procédés qui nécessairement emploient beaucoup de temps et d'argent, et qui usent fortement le linge.

§§ II ET III.

Encuvage et coulage à froid.

Le *coulage à froid* se fait après avoir encuvé le linge, et on sait que cet encuvage est long et pénible, par le soin que l'on porte à fortement presser le linge ;

ensuite on verse de l'eau dessus, jusqu'à ce qu'elle sorte claire : c'est là le coulage à froid.

Cette opération de coulage n'est pas généralement usitée, et ne se pratique guère que dans les grandes villes, comme Paris ou ses environs, où l'on essange instantanément le linge que l'on encuve ainsi tout mouillé, ne versant sur ce linge la lessive, préparée à part, que lorsque l'on coule à chaud; mais presque partout, en encuvant le linge, soit sec, soit mouillé, ce qu'on appelle *asseoir la lessive*, on place des cendres neuves ou de la potasse, dont on arbitre empiriquement la quantité, au fond du cuvier, dans un charrier, et c'est ce qui fait la lessive, *qu'on ne dispose pas à part* : on serre et on entasse fortement ensuite le linge dans la cuve, et si on l'humecte avec l'eau qui s'échappe de cette cuve dans la chaudière, et qui a déjà passé à travers les cendres (c'est-à-dire avec la lessive froide), on ne fait pas, à proprement parler, de coulage à froid.

§ IV.

Coulage à chaud.

Ce coulage dure ordinairement de 12 à 24 heures, et quelquefois plus, quand les cuves sont de très-grande dimension et en pierre, comme on en emploie dans une partie de la France. Cette opération, que les buandiers regardent comme le *nec plus ultrà* de l'art, est cependant peut-être la plus vicieuse de toutes celles auxquelles ils se livrent pour pratiquer le blanchissage ; et quand ils réussissent, c'est que le hasard favorise parfois la routine.

Que la lessive ait été préparée à part, ou que l'on ait mis simplement une certaine quantité de cendres ou de potasse dans les cuves, cette lessive que l'on fait couler, suppose nécessairement une quantité de liquide telle que la chaudière en soit remplie, et qu'il soit assez abondant pour qu'il coule sans discontinuer. L'emploi d'une aussi grande quantité de liquide exige donc une augmentation de cendres ou d'alcali ; sans quoi la lessive, en raison de la quantité, serait faible et de mauvaise qualité.

Un autre inconvénient, c'est que la lessive qui sort du cuvier, passant à travers tout le linge à blanchir, devient de plus en plus sale, ce qui doit être, par suite de l'action continue de l'alcali sur les parties grasses, sales et colorantes, dont le linge était imprégné ; de sorte qu'à la fin de l'opération, le linge fin et généralement le moins sale au moment de l'encuvage, tel que les chemises, cravates, etc., est bien plus coloré qu'il ne l'était auparavant. Aussi, pour faire disparaître le vice de cette manipulation mal entendue et préjudiciable au linge, a-t-on besoin de recourir largement au savon, au battoir et à la brosse, moyens qui ont le triple inconvénient d'augmenter la dépense, d'occasionner un surcroît de main-d'œuvre, et de diminuer la durée du linge.

A ces inconvénients graves, il faut joindre celui qui résulte du mélange du linge de corps avec celui de cuisine : on place, à la vérité, celui-ci par dessous ; mais par le procédé du *voidage* (1), la lessive le traverse toujours pour être reversée ensuite sur le haut de la cuve. Ainsi, le linge fin se trouve imprégné d'odeurs infectes, dont on ne peut le débarrasser en le rinçant ensuite, même à l'aide du savon. C'est pour masquer ces mauvaises odeurs, qu'on est dans l'usage d'ajouter à la lessive des racines ou branches de plantes aromatiques, de même que pour masquer la couleur jaune ou rousse du linge, on l'immerge dans une solution d'indigo.

On sent aussi que le mélange forcé du linge, d'après ce mode de procéder, fait nécessairement communiquer à tout celui contenu dans les cuves, les miasmes pu-

_____

(1) *Voidage* ou *vidage*, action de prendre la lessive dans la chaudière et de la verser sur le linge du cuvier, à l'aide d'un seau ou d'une *casse* de teinturier.

trides ou délétères dont quelques pièces seulement auraient été imprégnées.

Un des autres désavantages de cette manipulation irrationnelle, c'est que la lessive, que l'on prend bouillante et que l'on verse ensuite sur le cuvier, n'en sort plus à 100° centigrades, qui est la température de cette eau bouillante, parce qu'elle s'est nécessairement refroidie ; et comme elle ne peut jamais arriver à ce terme dans le cuvier, il en résulte que des taches qui seraient enlevées à cette température, ne peuvent l'être lorsque celle qu'on leur fait subir atteint à peine 60°. En effet, c'est le maximum (vérifié par plusieurs expériences) auquel on arrive à grand'peine dans le milieu et le bas de la cuve, après 24 heures de coulage et à grande force de combustible, même avec des fourneaux bien construits ; il en résulte aussi que les insectes et leurs œufs, qui peuvent se trouver dans le linge, ne sont pas détruits.

On voit que ces inconvénients réunis,

qui sont encore bien plus sensibles quand on chauffe les lessives avec des fourneaux mal construits ou même à feu nu , comme cela se pratique en bien des localités , sont très-fâcheux et même tout-à-fait contraires au but qu'on se propose en voulant blanchir le linge.

Tel est cependant le tableau réel des pratiques vicieuses routinièrement suivies pour le coulage des lessives.

Quelques buandiers, un peu moins ignorants, ont modifié le coulage à chaud, dans les environs de Paris surtout. Ainsi leur cuvier est placé au dessus de la chaudière : ce cuvier est percé ou défoncé par les deux bouts ; au lieu du fond inférieur, il y a seulement un support pour soutenir le linge au dessus du liquide de la chaudière. Un trou rond est ménagé au milieu, où est placée une pompe qui s'appuie sur le fond de la chaudière : cette pompe fait monter la lessive bouillante au haut du cuvier, où elle se répand sur le linge au lieu d'y être versée à la main.

3

Ce procédé, qui est d'ailleurs peu usité, n'a d'autre avantage sur celui généralement adopté par la routine, que d'élever un peu la température de la lessive; mais il ne remédie à aucun des autres inconvénients signalés (1).

§ V.

Du Savonnage.

Cette opération, indispensable dans les lessives ordinaires, a pour objet d'enlever au linge les taches toujours nombreuses qui ont résisté à l'action trop faible de la chaleur de la lessive; elle sert aussi à diminuer l'intensité de la partie colorante dont le

(1) On a beaucoup vanté, dans ces derniers temps, le procédé de M. *Duvoir*, qui fait arriver sur le linge la lessive bouillante projetée par la tension de la vapeur qui se forme dans des bouilleurs... Mais dans ce système, qui a les inconvénients du *coulage* ancien, les appareils sont fort coûteux, très-compliqués, et ne peuvent être confiés aux blanchisseurs ordinaires, ni entrer dans les usages domestiques.

linge est toujours imprégné, même après les lessives qui ont en apparence le mieux réussi. Ce n'est donc qu'en employant beaucoup de savon et à force de frotter le linge, qu'on parvient à lui communiquer l'éclat et la blancheur qu'il doit avoir : aussi cette opération, qui est ordinairement fort longue et très-coûteuse, est-elle celle qui use le plus le linge, surtout le linge fin, qui oppose moins de résistance aux frottements multipliés qu'on lui fait subir (1).

§ VI.

Du Lavage et Rinçage.

On entend par rincer le linge, le faire dégorger dans une eau bien claire, afin de

(1) Indépendamment des lessives et des savonnages *obligés* qui en sont la suite, souvent dans les maisons particulières on fait des savonnages spéciaux, pour le linge fin non lessivé; et c'est une dépense considérable, surtout dans les maisons où il y a beaucoup de femmes, dont les vêtements, de tissus ténus et légers, doivent être blanchis fréquemment.

lui ôter le savon dont il est imprégné : il est indispensable que cette manipulation soit faite avec soin ; car, lorsque le linge est mal rincé, il conserve une odeur d'huile rance toujours fort désagréable. On sait que pour ce lavage et rinçage, on tord et frotte le linge, et que la plupart des laveuses le brossent ou le frappent avec le battoir plat ou cylindrique.

Il résulte principalement de ces détails, dont on peut aisément vérifier l'exactitude, que la pratique suivie généralement pour blanchir le linge, soit qu'on y emploie les cendres, la potasse ou même la soude, est essentiellement vicieuse ; qu'elle nécessite une grande dépense de combustible et de savon ; que la main-d'œuvre en est considérable ; qu'enfin le linge est mal repurgé et fortement usé, sans rappeler ici les autres inconvénients majeurs que nous avons signalés.

DÉCOUVERTES CHIMIQUES.

Tel était l'état des choses en cette partie, lorsqu'en 1788 l'illustre BERTHOLET, utilisant la précieuse découverte du chlore, faite par *Shéele* en 1774, et connu alors sous le nom d'*acide muriatique oxigéné*, se livra à une série d'expériences et de démonstrations, dont le résultat fut d'opérer une révolution complète dans l'art du blanchiment des tissus ; et depuis lors, plusieurs savants chimistes ont complété ce système par d'importantes modifications ou additions.

Parmi ces derniers, CHAPTAL, qui a si souvent appelé la chimie au secours des arts utiles, et qui a doté la science de si nombreuses et si belles découvertes, fut le premier qui imagina d'appliquer l'agent de la vapeur d'eau bouillante aux lessives alcalines, pour le blanchiment des toiles écrues, traitées d'après le système de Bertholet.

Sans doute que par l'appropriation des chlorures au blanchiment, Bertholet peut revendiquer presque tout l'honneur de cette précieuse invention ; mais l'application de la vapeur aux procédés imaginés par lui, a porté cet art à la perfection où il est arrivé, au grand avantage du commerce et de l'industrie.

Ce fut en essayant l'emploi de l'action de la vapeur au *blanchiment*, que Chaptal fut naturellement amené à l'idée heureuse d'utiliser ce moyen ingénieux, en l'appliquant aussi au *lessivage du linge sale*.

Cependant, avant 1789, il s'était formé un grand établissement de blanchissage à Bercy, près Paris, et on y faisait aussi usage de la vapeur; mais cette buanderie, construite à grands frais, et dont le système compliqué et imparfait n'était pas susceptible d'être appliqué aux usages domestiques, ne put se soutenir et causa la ruine de la famille qui l'avait montée. On abandonna cet essai malheureux, qui était même complétement oublié, quand Chaptal découvrit de nouveau ou plutôt inventa son procédé du lessivage par la vapeur, tout-à-fait différent d'ailleurs de celui qui avait été essayé à Bercy.

Après CHAPTAL, *Cadet-Devaux* et surtout *Curaudau*, qui a tant fait pour l'économie domestique et industrielle, contribuèrent puissamment à faire connaître et à préconiser cette méthode. En 1805, Cadet-Devaux publia une Instruction populaire *sur le blanchissage domestique à la vapeur*, par ordre de Chaptal, alors ministre de l'intérieur; mais en 1806, Curandau, après avoir simplifié et perfectionné les procédés de cette méthode, la réduisit à des règles fixes et positives. Il écrivit sur cette matière un petit traité fort substantiel, et aussi deux mémoires qui se trouvent dans le tome xxxiii des *Annales des arts et manufactures* (1).

La supériorité démontrée, dès cette époque, du nouveau système sur l'ancien, ne fut cependant pas généralement appréciée ou connue, et c'est le sort de la plupart des découvertes utiles. L'usage du lessivage à la vapeur se répandit peu. Toutefois, il existe à Paris, depuis longues années, un

(1) Nous avons puisé dans ces écrits et dans quelques autres plus récents, en les *modifiant* ou *complétant*, d'après nos propres *découvertes* et *expérimentations*.

grand établissement de ce genre, qui a constamment suivi et avec succès les préceptes tracés par, Curaudau : c'est la buanderie militaire de la rue *Popincourt*, dans laquelle l'entreprise générale des lits militaires fait blanchir, chaque mois, de 30 à 40 mille paires de draps, et où la dépense ne s'élève qu'à quelques centimes par paire. A l'*hôpital St-Louis*, à Paris, il existe également un appareil de buanderie à la vapeur depuis plus de vingt ans ; mais l'un et l'autre de ces établissements réclament les nouveaux perfectionnements qu'on détaillera ci-après.

Ce qui contribua le plus à empêcher la méthode nouvelle de se propager dès l'origine de sa découverte, fut sans doute, d'abord quelques essais malheureux ou imparfaits dus à l'inexpérience, et ensuite le prix très-élevé auquel le commerce tenait alors les soudes brutes, et surtout les carbonates de soude. Aujourd'hui que les fabriques de produits chimiques et de soude artificielle ont pris un grand développement, on obtient pour 15 ou 20 centimes ce qui coûtait un, franc en 1806 : aussi y a-t-il lieu de penser que la belle invention de Chaptal, désormais perfectionnée, qui à son extrême simplicité et à tous ses autres avantages réunit maintenant une très-grande économie, sera partout accueillie avec reconnaissance et empressement, et finira par faire une révolution complète dans le mode de blanchissage, en détrônant une routine aveugle et pernicieuse.

Un grand nombre de buanderies à la vapeur, plus ou moins bien établies, existent en France en ce moment ; plusieurs particuliers en ont monté pour l'usage de leurs maisons ou pour celui du public. Les hospices de *Poitiers* ont trois appareils perfectionnés qui ont été substitués aux anciennes buanderies ; il en existe au *collége de St-Maixent*, aux hôpitaux de *Brest*, à *Nantes*, au *Hâvre*, même à *Mantoue*, *Turin*, en *Belgique*, et surtout en *Suisse*, etc., etc.

Le procédé du lessivage à la vapeur est

d'ailleurs si facile à pratiquer, qu'on peut s'étonner avec raison qu'il ne soit pas partout et seul en usage (1).

ARTICLE II.

DU LESSIVAGE A LA VAPEUR.

Nous ne parlerons pas ici des appareils inventés soit en Angleterre, soit en France, pour le *blanchiment* des tissus ou même le simple *blanchissage* du linge, à l'aide de la concentration de la vapeur par machines à haute ou à basse pression ; ni des nombreux brevets accordés pour ces machines et pour d'autres propres à laver, sécher le linge, etc. , etc. Ces procédés sont plus ou

(1) Un particulier du *Dorat*, ayant lu ce traité et vu fonctionner les appareils des hospices de Poitiers , s'est imaginé de faire une lessive dans une futaille percée aux deux bouts, et dans laquelle il faisait cuire des pommes de terre à la vapeur d'eau, en plaçant cette futaille sur une chaudière ; malgré l'imperfection de cet appareil grossier , sa lessive a fort bien réussi, et il a adopté le nouveau procédé.

moins ingénieux , mais nécessairement compliqués ; et , si quelques-uns d'eux sont employés avec succès dans de grands établissements de *blanchiment*, ils sont évidemment sans application . à l'économie domestique , lors même qu'ils n'exigeraient pas de grosses mises de fonds , et que leurs bons résultats , quant au *blanchissage*, seraient bien constatés ; tandis que le procédé inventé par Chaptal, et successivement perfectionné jusqu'à ce jour, réunit la plus grande simplicité à une extrême facilité dans son application.

LE LESSIVAGE A LA VAPEUR est une opération par laquelle le linge, simplement imprégné de lessive alcaline, acquiert graduellement la chaleur de l'eau bouillante, par le seul effet de la vapeur d'eau mise en ébullition , et qui, en s'y condensant successivement , dispense de verser sur le linge la lessive qui s'en égoutte : d'où il résulte que l'eau qui retombe sale dans la chaudière ne retourne plus sur le linge que

dans l'état de vapeur, et est par conséquent toujours dégagée des matières grasses et colorées qu'elle enlève au linge pour
les accumuler de nouveau dans la chaudière. Aussi remarque-t-on qu'après l'o-
pération, le linge provenant du cuvier à
vapeur est *toujours* blanc, tandis que celui
qui provient des lessives ordinaires est
toujours roux.

Ainsi, par ce procédé, on ne fait plus
passer la lessive à travers le linge par le
voidage; mais ce linge, étant imbibé d'a-
vance par une lessive alcaline, est soumis
à l'action de la vapeur d'eau naturelle,
jusqu'à ce qu'il ait pris la température de
l'eau bouillante; alors l'opération est terminée, il n'y a plus qu'à rincer et *égayer*
le linge dans l'eau, sans y employer de
savon.

L'expérience a prouvé qu'à l'aide de ce
procédé :

1° On économise énormément de combustible; parce qu'indépendamment de la
bonne construction des fourneaux, il ne

faut chauffer qu'une moindre quantité d'eau et pendant peu de temps; cette économie peut être évaluée sans exagération aux trois quarts au moins (1).

2° On épargne beaucoup de temps : car l'opération du coulage bien conduite ne dure pas plus de huit heures, au maximum, pour les plus grands appareils , et proportionnellement beaucoup moins pour les petits. Ainsi, pour un appareil propre à lessiver 1,000 kilog. de linge sec, il faut au plus six heures; il n'en faudrait que deux ou trois pour un appareil de 100 kil.; tandis que, d'après l'ancien procédé , le coulage à chaud emploie de douze à vingt-quatre heures pour *toutes* les lessives.

3° On économise la main-d'œuvre de plus d'un tiers : car d'abord il ne faut pas essanger le linge ; il ne faut d'ailleurs ni le savonner , ni le frotter, ni le battre, ni

(1) Si ce procédé était généralement en usage, on voit que le bois de chauffage serait grandement ménagé , et que cette économie se calcule-rait par millions, seulement en France.

le brosser , après qu'il est décuvé ; il n'y a qu'un simple rinçage à opérer après que le linge a été immergé un certain temps , ce qui exige peu de laveuses. Il en résulte aussi que le linge est beaucoup moins fatigué que par l'ancien procédé , car les tissus se détruisent plus par toutes ces rudes manipulations que par l'usage (1).

4° Ce lessivage économise encore les frais de savon ; et lorsqu'il est *bien* fait , il n'en faut pas *du tout* employer. Si par hasard quelques taches échappaient , parce que l'opération serait imparfaitement exécutée , il est certain qu'il ne faut pas compter pour une lessive la *vingtième* partie du savon qu'on eût employé avec le vieux système.

5° Le linge acquiert une très-grande blancheur sans voir altérer en rien son

_____

(1) Ce qu'il y a de plus difficile à obtenir des laveuses, c'est qu'elles renoncent à l'usage des battoirs, etc. Le temps seul peut vaincre les préventions de la routine populaire.

tissu, quoique l'ignorance ait cherché à persuader le contraire.

Nous ajouterons ici, à ce que nous avons déjà dit sur ce point, que les alcalis *affaiblis par l'eau* n'agissent que sur la partie colorante des toiles, et que leur tissu ne peut en être attaqué le moins du monde, pas même lorsqu'ils sont aidés de l'action de la vapeur *alcaline*, fût-ce celle de la *potasse*, bien autrement énergique que la *soude*. Mais, dans la lessive faite à l'aide de la vapeur de l'eau *ordinaire*, aucune action délétère n'est possible, puisque, dans ce cas, ce n'est pas même la vapeur alcaline pure qui agit.

6° On a la certitude que la chaleur de la lessive sera portée à 100° centigrades, sans craindre qu'elle dépasse ce terme, parce que, dans des appareils *non clos*, elle ne peut aller au delà, et ce ne serait qu'au dessus de cette température que l'action de l'alcali pourrait altérer les tissus. A cette température, qui est celle de l'eau bouillante, à laquelle ne peuvent *jamais* atteindre les anciennes lessives, toutes les substances qui salissent le linge, les insectes et leurs œufs, sont détruits, dénaturés, ou combinés nécessairement.

Bien plus, quoique dans un même cuvier, chaque morceau de linge est nettoyé et repurgé *individuellement*, et n'éprouve l'action que de la portion d'alcali qu'il a absorbée dans la solution dont on l'a imbibé avant de le placer dans la cuve; et cette quantité d'alcali absorbée est toujours et nécessairement proportionnée au degré de finesse du tissu. On peut donc, sans inconvénient aucun, mettre à la fois dans les cuviers *toute* espèce de linge sale : il n'y a ni contact ni égouttement qui puissent devenir délétères ou transmettre des miasmes malsains ; et cet avantage n'est pas celui qu'on doive apprécier le moins, s'il est vrai qu'on attribue à l'usage de linge mal lessivé et mal rincé l'origine ou la propagation d'un grand nombre de maladies.

7° L'économie qui résulte du procédé

nouveau est considérable , et l'on peut l'évaluer en totalité au moins aux cinq sixièmes de la dépense des anciennes lessives. La diminution dans la consommation du bois est, en outre, d'une haute importance pour l'économie générale.

Le lessivage à la vapeur est donc un véritable bienfait, dont les conséquences doivent être immenses dans l'intérêt de la société (1).

(1) En 1835, l'auteur de ce traité étant administrateur des hospices de Poitiers , y introduisit le lessivage à la vapeur *perfectionné par lui*, qui y est *seul* en usage, à la grande satisfaction des sœurs de Saint-Laurent, qui savent accueillir tout ce qui est bon et utile. La Société d'agriculture, belles-lettres, sciences et arts de Poitiers, en ayant été informée, nomma une commission qui visita les appareils, les fit fonctionner, et fit un rapport favorable à la Société , qui en ordonna l'impression à l'unanimité : on trouve ce rapport dans le tome 5 de ses bulletins. Il a été traduit en italien et imprimé à Mantoue en 1838.

Nous allons passer maintenant à la composition de la lessive à la vapeur.

§ Ier.

Du choix de l'eau pour la composition d'une bonne lessive.

La nature de l'eau peut apporter des modifications dans les effets des lessives en général ; on doit donc la choisir avec attention. L'eau de pluie ou de rivière est celle que l'on doit préférer : l'eau de puits est également bonne, ainsi que celle des fontaines ; mais si cette eau était de nature à troubler la transparence d'une dissolution de savon (propriété que l'on désigne en disant : *Cette eau ne prend pas le savon*), elle ne serait pas aussi favorable au succès de la lessive que de l'eau de pluie ou de rivière. Cependant, comme on peut être forcé de se servir d'eau de cette qualité, à défaut d'autre, voici un moyen simple d'en corriger le vice (1) :

(1) Il existe beaucoup d'autres recettes pour arriver au même résultat.

Pour 100 kil. d'eau, faites dissoudre dans un kil. de cette eau 750 grammes de sel de soude. Faites bouillir, et ajoutez gros comme une noix de savon, coupé en très-petits morceaux : agitez jusqu'à dissolution complète.

Faites bouillir les 100 kil. d'eau ; versez-y la dissolution également bouillante ; il se forme alors un *coagulum* à la surface, qu'on enlève avec une écumoire.

L'eau, ainsi corrigée, peut servir à la lessive comme au savonnage : elle est également très-propre à faire cuire des légumes, ce qui n'aurait pas été possible avant sa préparation.

§ II.

De la composition de la lessive à la vapeur pour 5o kil. de linge sec.

Nous avons vu que le carbonate de soude était l'alcali qu'on devait préférer pour faire de bonnes lessives ; nous ne nous occuperons donc ni de la soude brute, ni de la potasse, ni des cendres. Cependant nous avons indiqué quel devait être le degré de ces diverses lessives à l'aréomètre, pour calculer leur force (1).

L'expérience nous a fait reconnaître que le moyen le plus sûr et le plus commode de régler la composition de la lessive, était de déterminer le poids de l'alcali en rapport avec celui du linge sec et d'après l'espèce de ce linge (2).

La quantité de cristaux de soude qu'exige une lessive est donc toujours relative à l'espèce et au poids du linge sec.

Pour 50 kilogrammes de linge sec et fort sale, comme linge de cuisine, etc.; il faut 2 kilog. et demi de cristaux de soude.

Pour toute autre espèce de linge sec du

(1) Page 31.
(2) Cela n'empêche pas, si l'on veut, de faire l'épreuve de la lessive à l'aréomètre, quand elle est composée. On sait, d'un autre côté, que les cristaux de soude marquent généralement de 30 à 32° à l'alcalimètre.

même poids, il faut 2 kil. de ces cristaux.

Du linge très-fin et peu terni n'en exigerait guère qu'un kilog. 500 gr., de même que, pour des torchons très-gras et très-sales, on pourrait en mettre 3 kil. Mais la règle générale est 5 et 4 pour cent, du poids du linge sec.

Il ne faut pas croire qu'en forçant la quantité d'alcali, on améliorerait la lessive. Plus forte, elle ne peut être nuisible, il est vrai, mais elle est inutile; moindre, elle serait insuffisante pour rendre le linge *parfaitement* blanc.

On fait dissoudre ces cristaux de soude, à chaud ou à froid, peu importe, dans 50 kilog. d'eau par 50 kilog. de linge sec. Cette solution s'opère promptement, et est douce à la main comme de l'eau de savon (1).

(1) Dans l'usage, on est bien vite au courant du poids du linge et de celui de l'eau, et on ne pèse guère que les premières fois. Au surplus, une différence de 2 à 3 p. % dans le poids du linge et celui de l'eau est insensible dans les petits appareils.

Les personnes qui voudraient employer,
au lieu de *cristaux de soude* , les *sels de
soude* pulvérisés et concentrés , devraient
en mettre proportionnellement moins ; et
de 1 kilog. pour 2 1/2 de cristaux. Quoique la buanderie de Popincourt se serve
de ces sels, nous n'en avons pas éprouvé,
dans la pratique, même sous le rapport
économique, d'aussi bons effets que théo-
riquement on devait le croire, et, ainsi
que nous l'avons déjà dit, nous préférons
employer les cristaux de soude (1).

Dans les grands appareils, une augmentation
de 10 p. % dans le poids de l'eau peut avoir lieu,
si l'on n'a à blanchir que du linge grossier. **Pour
du linge très-fin**, il peut y avoir lieu à diminuer au
contraire 10 p. % dans ce poids de l'eau , la différence d'absorption étant très-grande. Nous avons
dû , pour règle générale , donner le *terme moyen*,
parce que d'ordinaire le linge est de qualités
mêlées.

(1) Comme on pourrait se trouver quelquefois
au dépourvu de cristaux de soude , et que, d'un
autre côté, quelques personnes pourraient vouloir
se servir de potasse, voici la composition de la

Avant d'expliquer la mise en action du procédé du lessivage à la vapeur dont nous venons de présenter les avantages et d'expliquer la théorie, il est indispensable de faire connaître la disposition particulière des fourneaux, chaudières et cuves, qui constituent l'appareil de la buanderie destinée spécialement à ce système de lessivage : nous expliquerons ensuite les détails de l'opération, à partir du point initial que nous venons d'établir pour la composition de la lessive.

lessive avec cette substance et avec la soude brute, toujours pour 50 kilogrammes de linge sec, et les quantités d'eau déjà indiquées :

Soude brute,	4 kil.	pour le linge le plus sale, et un peu moins pour le linge moins sale.
Potasse,	1 k. 250 gr.	

———

CHAPITRE II.

DISPOSITION DES APPAREILS POUR LE LESSI-
VAGE A LA VAPEUR.

Nous allons donner les proportions d'un appareil propre à lessiver 1,000 kilog. de linge sec. Nous décrirons successivement ses diverses parties, afin qu'à l'aide des coupes et profils qui sont annexés à ce traité, chacun puisse très-facilement faire établir des appareils semblables et dans toutes les dimensions que l'on pourra désirer (1). (*V. les figures.*)

Tout l'appareil se constitue de trois par-

(1) L'appareil de l'Hôtel-Dieu de Poitiers est établi, comme nous l'avons dit, pour 1,000 kil. de linge sec. La cuve de la buanderie de Popincourt peut contenir 2,500 draps de lit.

ties principales : le FOURNEAU, la CHAUDIÈRE et le CUVIER.

ARTICLE Ier.

DU FOURNEAU.

On ne saurait apporter trop de soins à la construction du fourneau : c'est peut-être la pièce la plus importante de l'appareil. Il faut qu'il soit disposé de manière à concentrer la plus grande quantité possible de chaleur sur les parois de la chaudière, et aussi de telle sorte qu'il n'y ait pas dépense inutile ou déperdition de calorique.

Il existe un grand nombre de systèmes de fourneaux, plus ou moins compliqués : nous nous sommes attachés à construire le nôtre le plus simplement possible, afin qu'on pût l'édifier sans être obligé d'appeler d'autres ouvriers que ceux qu'on a sous la main partout, de simples maçons; et toutefois ce fourneau remplit parfaitement sa destination. Sa disposition est prise des procédés de *Curaudau*, combinés avec

4

ceux de M. *Harel*, qui a beaucoup perfectionné cette partie en ce qui se rapporte
aux usages de la cuisine, et de M. le ca-
pitaine du génie *Choumara*, qui a fait une
étude approfondie de la transmission du
calorique, et est l'auteur d'un système
complet de fourneaux applicables aux diverses industries.

L'effet du nôtre est tel, qu'avec une
minime quantité de combustible, 2 hec-
tolitres d'eau froide sont mis en ébullition
en quelques minutes; et il utilise tellement
le calorique, que le tuyau de fuite pour
la fumée reste presque froid, malgré le
passage de la fumée, qui n'y arrive, il est
vrai, qu'après avoir déposé toute sa chaleur
dans les circuits qu'elle fait autour de la
chaudière.

Comme pour développer rapidement
une grande quantité de vapeur d'eau, il
faut un feu vif et de la flamme, on fait
bien de disposer le fourneau pour qu'on
puisse y brûler du bois sec et menu : cela
est même indispensable pour les appareils

de moyenne grandeur ; quant aux plus petits, on peut y brûler du charbon de bois. D'un autre côté, la houille ou charbon de terre brûlant vivement en grandes masses, on peut disposer la grille des fourneaux des grands appareils fixes, pour les chauffer avec ce combustible (1).

Le ras-terre ou fond du fourneau (bas du foyer) est pavé ou carrelé et légèrement

---

(1) Le grand appareil de Popincourt se chauffe à la houille. La grille du fourneau de l'appareil de l'Hôtel-Dieu de Poitiers est disposée de manière à servir, à volonté, au bois ou au charbon de terre ; jusqu'à présent, on n'y emploie que du bois ; chaque lessive qui s'y coule, pendant six heures, ne consomme qu'environ 100 kil. de bois de chêne neuf.

A l'Hôpital-Général de Poitiers, le grand appareil pour 15 à 18 cents kilogrammes de linge sec, consomme à peine 200 kil. de bois, et pourtant il a à chauffer et vaporiser plus de 2,000 kil. d'eau : pour une cuve de 2,500 kil. de linge sec, ainsi qu'on le verra plus loin, ce fourneau et la chaudière seraient suffisants, et conséquemment il ne faudrait pas plus de bois.

incliné du côté de la porte de ce fourneau, pour que l'on puisse plus aisément en retirer les cendres.

Le foyer est circulaire et a un mètre, dans sa plus grande dimension, au dessus du cendrier ; il est construit en briques de plat bien cuites et mortier de terre réfractaire, sans chaux, et va en se rétrécissant, par une voûte uniforme ayant 15 centimètres de pente et se terminant à 35 cent. de hauteur perpendiculaire, à partir du ras-terre du cendrier. Cette voûte, absolument semblable à celle d'un four, est tronquée à cette hauteur de 35 cent. ; la calotte de cette même voûte, au lieu d'être terminée en briques, est formé par le fond de la chaudière qui est bombée en dedans, et dont le bord inférieur s'appuie sur cette voûte tronquée, d'environ 8 à 9 cent. dans son pourtour.

Un cendrier est ménagé à 12 ou 15 cent. au dessous du fourneau et formé avec des barres de fer forgé de 40 à 45 millimètres d'équarrissage, placées horizontalement en travers, à 15 millim. de distance les unes des autres, la vive arête en dessus (1); enfin, deux portes en tôle, avec registre, ferment l'entrée du fourneau et celle du cendrier : ces deux portes sont dans le même châssis de fer, l'une au dessus de l'autre; celle du fourneau a 24 cent. sur 30, celle du cendrier 24 cent. sur 15.

On voit que ce cendrier règne dans toute la profondeur du foyer : c'est un des plus actifs agents de la combustion. L'air, qui passe ainsi sous le combustible qui n'est jamais encombré de cendres, chasse la chaleur et la flamme vers le fond et les parois de la chaudière, et assure un fort tirage : c'est une innovation importante.

La chaudière placée sur ce four tronqué, ainsi qu'on l'a dit plus haut, a un mètre d'ouverture comme le fond du fourneau;

(1) Ce cendrier est un peu plus large que le portillon et se prolonge jusqu'au fond du fourneau. Les barres de fer se placent à volonté dans deux bandes de fer à crans qui sont maçonnées de chaque côté du cendrier.

elle se rétrécit de 18 ou 20 cent. vers son fond : elle est donc réduite à 80 cent. dans la partie qui repose sur le four tronqué. Elle a 45 cent. dans sa plus grande profondeur, au pourtour, et seulement 36 cent. au dessus du renflement intérieur de son fond ; elle a enfin un grand rebord aplati de 50 cent. de largeur, incliné de 9 cent. et terminé par un petit rebord vertical, ce qui porte la chaudière à 2 mètres de diamètre ou d'orifice total.

Cette chaudière, posée sur le four tronqué, ne doit avoir de contact avec le fourneau que par le tour de son fond et par son bord supérieur; il reste donc entre la chaudière et le massif du fourneau un espace circulaire qui enveloppe la chaudière et qui a 42 cent. d'élévation. Cet espace doit être évasé; il a 12 cent. dans sa plus grande largeur, et est destiné à la circulation de la flamme et de la fumée.

A cet effet, une échancrure de 25 cent. de long sur 12 de large est pratiquée à l'intérieur, au bord supérieur de la voûte tronquée, immédiatement au dessus de la porte du fourneau, afin que la flamme, après avoir léché le fond de la chaudière, soit forcée, par le tirage de la cheminée, de revenir sur elle-même, pour entrer dans le canal de circulation ou serpentin qui doit la conduire à la cheminée.

Celle-ci a son orifice inférieur au point le plus élevé du canal de circulation, vis-à-vis la porte du foyer. Cet orifice, pour déterminer une plus grande force de tirage, est tenu plus petit que l'échancrure qui est ménagée à la voûte du four : il a 12 cent. de large sur 20 de hauteur.

Enfin une clef (ou registre) est ménagée au tuyau de la cheminée, pour accélérer ou ralentir le tirage à volonté.

On sent que, par cette disposition, tout le corps de la chaudière est exposé au contact de la flamme et de la fumée, et c'est la meilleure condition pour obtenir une prompte ébullition.

D'un autre côté, il est facile d'entourer, dans le massif de maçonnerie, le fourneau et le canal de circulation, par une épaisse couche de cendre, de poussier de charbon ou autre corps non conducteur de la chaleur : par ce moyen, il ne s'en perd aucune parcelle dans ce massif, et elle est encore plus concentrée autour de la chaudière. Il en existe une au fourneau de l'Hôpital-Général à Poitiers.

Ces détails, qui sont fournis avec une exactitude scrupuleuse, sont encore plus faciles à concevoir si l'on jette un coup d'œil sur les figures ; nous donnerons d'ailleurs plus bas toutes les dimensions des fourneaux, dans un tableau général, pour les appareils de diverses dimensions.

ARTICLE II.

DE LA CHAUDIÈRE.

Dans l'article qui précède, nous avons dû nécessairement parler de la chaudière : nous allons ici compléter ce qui s'y rapporte.

Nous avons à cet égard, *après expéri-mentation*, adopté d'autres dimensions et formes que celles de Curaudau, et notre chaudière diffère surtout des siennes par son grand bord incliné et son fond forte-ment bombé, ainsi que par un tuyau de niveau d'eau.

Comme il faut peu d'eau pour produire beaucoup de vapeur, et que l'eau que rend la lessive faite avec le linge sec est peu con-sidérable; comme, d'un autre côté, cette eau se consomme en grande partie par l'évaporation successive, nous avons aussi réduit proportionnellement la capacité de la chaudière, ce qui procure l'avantage d'avoir moins de liquide à chauffer, et conséquemment ajoute encore à l'écono-mie du combustible.

On remarquera de plus que le grand bord de nos chaudières est incliné : c'est pour que l'excès de la lessive s'écoule faci-lement dans la chaudière. L'important était que la vapeur se formât et se répandît sur une grande surface, et le bord incliné procure aussi ce résultat.

Enfin, un conduit en cuivre, avec robinet en dehors du fourneau, vient aboutir à l'intérieur de la chaudière, en contre-bas de son bord intérieur; cette addition est des plus importantes, et a pour objet de maintenir le niveau de l'eau dans la chaudière. Ce tuyau n'empêche pas d'enlever la chaudière au besoin. Il est retenu à l'intérieur par une vis que l'on déplace à volonté : cette vis est creuse et faite en bague, pour donner passage à l'eau; elle ferme hermétiquement, à l'aide d'une rondelle en plomb qui entoure le tuyau.

La chaudière est en cuivre rouge, de deux à quatre millimètres d'échantillon au fond, et de deux au plus dans ses autres parties. Nous avons reconnu que la fonte, quoique moins chère, ne devait pas être employée, parce qu'elle dure moins, chauffe moins vite et moins également; parce qu'il serait d'ailleurs difficile de donner à la fonte, d'une manière solide, la forme et les dimensions que nous avons adoptées, et qu'enfin cette chaudière serait beaucoup trop lourde pour être facilement remuée ou déplacée.

On voit, en effet, par la disposition de cette chaudière et son agencement avec le fourneau, qu'elle doit être enlevée à volonté. Cela est indispensable dans les appareils de *petite* et de *moyenne* dimension, pour le nettoyage du canal de circulation, qui, vu son peu de largeur, ne peut être ramoné sans ce déplacement, et qui doit s'engorger de suie assez promptement. Ces dispositions et la mobilité de la chaudière doivent être observées dans tous les appareils construits pour lessiver 1,000 kilogrammes de linge sec et au dessous.

Seulement il faut avoir soin, quand on replace la chaudière sur le fourneau, de bien luter le petit rebord vertical, à sa réunion au massif du fourneau, avec de la terre glaise ou autre préparation quelconque, pour empêcher le passage de l'air ou de la fumée. L'on replace également la vis du conduit de niveau d'eau avec sa rondelle.

ARTICLE III.

DU CUVIER.

Le cuvier, conforme à celui de Curaudau, doit être en douelles ou douves d'un bois de sapin rouge du Nord, d'un fort échantillon; il est de forme conique renversée; son plus petit diamètre est par le bas; il est de 2 mètres, pour pouvoir entrer dans l'intérieur du rebord vertical de la chaudière sur laquelle on le place; il a 2 mètres 35 à 2 mètres 50 cent. de diamètre à son ouverture supérieure; sa hauteur est d'un mètre 36 cent. (1).

(1) On préfère le sapin à tout autre bois, parce qu'il se tourmente moins à la chaleur et ne tache pas le linge. Le sapin rouge est plus compacte et de meilleure qualité que le sapin blanc. On peut employer aussi du bois blanc, mais jamais le chêne, le noyer, l'orme, etc., qui déteignent sur le linge.

On le contient et le relie avec trois épais cercles de fer entrés de force, ou que l'on serre à l'aide de vis. Il est ouvert par les deux bouts, et garni, dans tout son pourtour intérieur, de tringles de sapin de 45 millim. d'équarrissage, chevillées verticalement dans le sens des douelles et espacées entre elles de 40 à 45 millim. Ces tringles sont, à chaque extrémité, plus courtes de 60 millim. que les douelles.

Pour servir de fond inférieur à cette cuve ou cuvier, et pour pouvoir supporter le linge, on pratique un plateau ou disque mobile rond, d'un mètre 80 cent. environ de diamètre, d'après l'épaisseur des douelles. Ce disque, en forte tôle rivée sur une solide charpente en fer, qui forme huit pieds courbés par le bas et élevés de 12 cent., se place sur le bord incliné de la chaudière, et est disposé de façon à ce qu'il reste de 60 à 90 millim. de vide entre lui et les parois intérieures du cuvier.

Ce disque, destiné à porter le linge, qui, lorsqu'il est imbibé, pèse 2,000 kil., est doublé en plomb du côté du cuvier, pour éviter les taches de rouille. De plus, il est percé de cinq trous ronds, dont celui du milieu a 18 cent. de diamètre, et les quatre autres, également espacés, seulement 15 cent. Ces trous sont destinés à placer, pendant l'encuvage, des morceaux de bois que l'on retire ensuite, ce qui ménage au travers du linge des cheminées ou passages pour que la vapeur puisse le pénétrer partout, vapeur qui circule aussi entre les tringles du pourtour intérieur du cuvier, de telle sorte que le linge est vraiment suspendu dans un bain de vapeur (1).

Enfin, le cuvier est couvert d'une trappe mobile en bois de sapin, doublée du même bois, placé en sens inverse du dessus et un peu moins large, formant ainsi une sorte de rainure ou épaulement, ce qui

(1) L'établissement de ces cheminées est *indispensable* : il faut les multiplier suivant la grandeur des appareils ; il n'y en a jamais trop.

fait que cette trappe se ferme comme une tabatière ; elle est en outre doublée en dessous avec une feuille de plomb , pour empêcher la chaleur de faire déjeter le bois : ce plomb doit être cloué avec du zinc ou des clous à tête large et étamés , pour éviter la rouille qui tacherait le linge.

Pour les appareils *moyens,* dont le fourneau est en maçonnerie et dont la cuve et la chaudière sont mobiles , appareils qui peuvent lessiver depuis 200 kil. jusqu'à 1,000 kil. de linge sec , le poids de la couverture ou trappe du cuvier , celui du cuvier lui-même et celui du disque , étant trop considérables pour qu'on puisse facilement les remuer à bras , toutes les fois que cela peut être nécessaire , et notamment pour encuver le linge , le décuver , nettoyer les canaux engorgés de suie , etc. , il est tout-à-fait indispensable d'établir une mécanique spéciale , afin d'opérer facilement ces diverses manœuvres.

A cet effet, une roue dentelée à engrenage, proportionnée au poids que l'on a
à soulever, est scellée dans le mur voisin
de l'appareil, et, à l'aide d'un système de
poulies fort simple, une femme seule peut
aisément mettre toutes les pièces de l'appareil en mouvement.

Nous avons cru superflu de donner la
figure de cette mécanique, dont il suffit
d'indiquer l'espèce; nous avons cru inutile aussi de marquer dans toutes les figures
les tringles du pourtour intérieur des cuves, ce qui aurait pu porter un peu de
confusion dans les dessins.

Le prix des appareils indiqués dans le
tableau ci-joint peut aller approximati-
vement de 150 à 1,200 fr., selon leurs
dimensions.

Toutes les mesures données peuvent,
sans inconvénient, être *légèrement* modi-
fiées, pourvu qu'elles demeurent propor-
tionnelles entre elles.

Le fourneau des appareils *portatifs*
pourrait être construit en tôle ou en terre

cuite, d'un seul morceau, comme ceux de M. *Harel ;* la cheminée est un tuyau de poêle avec registre, qu'on peut diriger à volonté dans une cheminée ou par une croisée.

On remarquera que pour les deux appareils portatifs, le fourneau et la chaudière sont absolument semblables ; les cuviers seuls ont une capacité différente : ainsi on peut avoir deux cuviers et un seul fourneau.

On sentira enfin que l'échantillon du cuivre des chaudières et celui des ferrures doit être plus ou moins fort, selon la grandeur des appareils ; qu'il en est de même pour l'épaisseur du bois des cuves, et que les prix doivent varier d'après l'espèce de matériaux employés : nous en reparlerons tout à l'heure.

RÈGLES PARTICULIÈRES AUX APPAREILS FIXES.

Pour ne pas nuire à la clarté des développements qui précèdent, nous avons renvoyé ici ce que nous avions à dire spécialement pour les grands appareils, dits *appareils fixes*, et qui sont destinés au lessivage de plus de mille kilogrammes de linge sec. Nous prendrons pour exemple l'appareil fixe pour 15 à 18 cents kil. indiqué dans le tableau page 89 : il en existe un de cette dimension à l'Hôpital-Général de Poitiers.

1° Le *fourneau* devra être construit absolument comme les autres, aux dimensions près ; mais le canal de circulation, dans la construction duquel on établira une légère pente, étant beaucoup plus large et pouvant facilement être ramoné par l'échancrure pratiquée dans la voûte, et à l'aide d'un trou que l'on pourra ménager au dessus du canal de la cheminée à sa sortie du fourneau (au moyen de pierres mobiles), la chaudière sera maçonnée à demeure fixe. On pourra effectuer le ramonage, en jetant un ou deux seaux d'eau par le trou supérieur ; l'eau et la suie sortiront par l'échancrure de la voûte du fourneau.

2°. La *chaudière* n'aura ni bord incliné

ni rebord vertical ; elle sera maçonnée à demeure, comme on l'a dit, et aura deux conduits en cuivre : l'un inférieur, de 3 cent. de diamètre, et qui, partant du point le moins élevé du fond de cette chaudière, traversera le massif en maçonnerie; il sera terminé par un robinet et servira à vider la chaudière et à la nettoyer au besoin : l'autre conduit ou tuyau, moins gros que le précédent, sera établi à 12 ou 15 cent. en contre-bas du bord de la chaudière ; il traversera également le massif de la maçonnerie. Ce tuyau a pour destination de maintenir constamment l'eau à son niveau uniforme dans la chaudière, en faisant évacuer au besoin le trop-plein; il existe à tous les appareils : seulement, à ceux *fixes*, il ne se dévisse pas, la chaudière n'étant pas mobile.

Un troisième et dernier conduit ou tuyau, de 3 centimètres de diamètre, sera ménagé également pour introduire de l'eau dans la chaudière : ce tuyau sera placé dans une des douves, au bas du

cuvier, pour y adapter au besoin un en-
tonnoir coudé ou un conduit venant d'une
pompe (1).

Le grand rebord incliné, qui existe à
toutes les chaudières des appareils infé-
rieurs et qui est en cuivre, pourra être
remplacé dans les appareils fixes par des
dalles en pierre, inclinées de 12 centimètres jusqu'au bord de la chaudière. Ces
pierres seront posées en plein mortier de
ciment et solidement rejointoyées, de manière que l'eau ou l'excès de la lessive puissent couler dessus et retomber facilement
dans la chaudière.

Pour l'appareil de 1,500 à 1,800 kil.,

(1) On sent que la capacité des chaudières
étant réduite, il est indispensable d'ajouter de
l'eau si le chauffage la consommait toute, et qu'il
n'en sortît plus par le robinet de décharge. Le
linge pourrait, en effet, roussir, s'il ne se pro-
duisait plus qu'une vapeur sèche à défaut d'eau
dans la chaudière : l'introduction d'eau froide
n'a aucun inconvénient; elle est promptement
échauffée après son introduction dans l'appareil.

ce rebord incliné aura 60 ou 65 cent. de largeur, dans tout le pourtour de la chaudière. A cette distance sera posé, en rond, le pavé du massif faisant une saillie circulaire, dans laquelle sera placé le cuvier, que l'on lutera avec soin : cette saillie remplace le petit bord vertical des autres chaudières.

La même chaudière et conséquemment le même fourneau pourront servir à des appareils plus grands, et jusqu'à ceux d'une capacité de 2,500 kilogrammes. Il n'y aurait qu'à augmenter proportionnellement la largeur du bord incliné et celle du cuvier (1).

3° Le *cuvier* sera placé, à poste fixe, dans le cercle de pierre dont il vient d'être question : il sera en bois de sapin, de 9 à 12 cent. d'épaisseur.

(1) On peut, si l'on veut, enterrer les fourneaux, de manière à ce que l'orifice des chaudières soit au niveau du sol. Dans ce cas, les fourneaux auront leur ouverture dans des caves, ou des excavations pratiquées exprès.

Son couvercle, doublé en plomb comme celui des autres appareils, au lieu d'être d'une seule pièce, sera en deux parties semi-circulaires, montées avec de fortes charnières sur une traverse en bois placée à demeure sur le milieu du haut du cuvier. Chacune de ces deux parties sera successivement levée au besoin, à l'aide d'une simple poulie.

Le cuvier étant fort élevé, il sera utile, pour la manipulation du linge, de placer au pourtour un banc circulaire sur lequel monteront les personnes chargées d'encuver ou de retirer le linge de ce cuvier.

4° Le *disque* sera également en deux parties ou hémicycles, ou même en trois parties, pour pouvoir plus aisément être placé ou déplacé, s'il en était besoin : il devra être percé du nombre de trous ou cheminées que sa grandeur rendra nécessaires pour que la vapeur pénètre aisément partout; les morceaux de bois à placer dans ces cheminées peuvent être disposés en creux et formés de quatre ou cinq petites planches minces clouées en rond.

Quant aux autres dimensions des appareils plus considérables que ceux pour 2,500 kil. de linge sec, ce qui est énorme, on a assez de documents pour les établir soi-même, en cubant la capacité des cuviers, et y proportionnant les chaudières et fourneaux.

OBSERVATION IMPORTANTE.

Nous avons dû faire connaître ce qu'il y avait de mieux, de plus solide et de préférable dans l'établissement des appareils, et on ne saurait apporter trop de soins à leur confection, surtout dans les grands établissements où ils fonctionnent fréquemment : l'on doit peu regarder à la dépense dans ces circonstances ; toutefois, l'on peut beaucoup diminuer cette dépense, si l'on veut.

Quant à la chaudière, elle doit toujours être en cuivre rouge ; mais on peut la prendre d'un faible échantillon sans inconvénients sensibles, ce qui en abaisse considérablement le prix.

Quant au disque en fer, tôle et plomb, on peut le remplacer par un simple plancher mobile en sapin, monté sur un châssis en madriers de sapin, mais sans clous et seulement bien chevillés ensemble.

Quant à la couverture de la cuve, on peut aussi se dispenser de la revêtir en plomb, en ayant soin de la cheviller sans se servir de clous.

On peut enfin employer du bois blanc, qui est moins cher que le sapin du Nord.

Dans ces différents cas, on peut généralement aussi supprimer la mécanique ou roue d'engrenage.

On voit qu'ainsi l'établissement des appareils devient fort peu coûteux.

CHAPITRE III.

—

DÉTAILS DU PROCÉDÉ MÉCANIQUE POUR FAIRE LA LESSIVE A LA VAPEUR.

Nous avons déjà indiqué, à la fin du premier chapitre, quelle était l'eau qu'on devait préférer pour faire de bonnes lessives : nous avons aussi fait connaître la composition de la lessive pour cinquante kilog. de linge sec. Nous allons maintenant décrire la mise en action du système ; et, comme nous avons détaillé toutes les parties d'un appareil propre à lessiver 1,000 kilog. de linge, c'est sur cette quantité que nous opérerons, et de l'appareil de cette dimension que nous entendrons parler; au surplus, le mode de procéder est le même pour tous.

Cette manipulation est beaucoup plus facile et moins compliquée que celles auxquelles on se livre pour les lessives anciennes : elle exige bien moins de dépenses de temps, de matière et de main-d'œuvre ; nous ne nous lasserons pas de le répéter.

Les opérations du lessivage à la vapeur sont au nombre de quatre :

1° La *préparation du linge ;*
2° L'*encuvage ;*
3° Le *coulage ;*
4° Le *rinçage.*

PREMIÈRE OPÉRATION.

PRÉPARATION DU LINGE ET SA MACÉRATION DANS LA LESSIVE.

L'expérience nous ayant démontré que le linge non essangé, quelque sale qu'il fût, devenait, par le procédé du lessivage à la vapeur, aussi blanc et aussi net que s'il eût été essangé et savonné, nous avons dû admettre en principe que l'on supprimerait absolument cette opération de l'essangeage, qui est presque aussi longue que le blanchissage lui-même, qui est fort coûteuse et qui fatigue beaucoup le linge. Nous ferons observer seulement que, pour le linge sali *extraordinairement*, comme celui de malades, etc., et que l'on craindrait qui ne fermentât si on le *gardait longtemps entassé* avant de faire la lessive, on fera bien de le faire passer simplement à l'eau, au fur et mesure, afin de l'avoir sec au moment du lessivage ; car la composition de la lessive, de même que la capacité des chaudières, sont calculées pour opérer sur du linge sec (1).

(1) **A Paris**, on a la mauvaise habitude d'essanger le linge, et cela au moment même de faire la lessive. Si, *par nécessité*, on se trouvait obligé de procéder avec du linge ainsi mouillé, la lessive devrait être composée de la manière suivante :

Le linge essangé et mouillé quoique égoutté, pesant le double de ce qu'il pèse étant sec, on

Pour 1,000 kil. de linge sec, dont 300
kil. très-sales, et 700 kil. qui le sont moins,

statue toujours sur son poids réel étant sec,
c'est-à-dire qu'on calcule sur la moitié de ce
qu'il pèse mouillé ; on prend alors sur ce poids,
ainsi réduit de moitié, 3 k:1. pour % de carbonate
de soude pour le linge le plus sale, et 2 1/2
pour % pour celui qui l'est moins, et on les fait
dissoudre dans 50 kil. *seulement* d'eau par 100
kil. de ce linge calculé comme sec.

On sent, en effet, qu'il faut moins de lessive
pour imbiber du linge déjà mouillé.

On procède ensuite comme pour le linge non
essangé ni mouillé ; mais il ne faut pas mettre
d'eau dans la chaudière, le linge en rendant assez
sans cela pour alimenter l'évaporation.

Il faut éviter de faire la lessive ainsi ; elle
réussit toujours moins bien et coûte toujours plus
cher, puisqu'il faut plus de soude, sans parler
des frais de l'essangeage.

Il faut faire observer ici qu'on ne doit mettre
dans les lessives que du linge de fil de chanvre,
de lin ou de coton, et pas de tissus de laine. Il
ne faut pas non plus y placer de toiles peintes, in-
diennes, etc., parce que les couleurs en seraient
altérées et ne résisteraient pas à l'action de la

vous ferez dissoudre 43 kil. de cristaux de soude dans 1,000 kil. d'eau. Pour que l'opération soit plus parfaite, on fera dissoudre à part les 15 kil. destinés au linge le plus sale (5 p. 0/0), dans 300 kil. d'eau, ce qui, pour cette portion de linge, donnera une lessive plus forte; les 28 autres

chaleur combinée avec l'alcali. Les toiles dans leur neuf étant gommées, il ne faut les mettre à la lessive qu'après les avoir bien lavées pour enlever la gomme; sans cela ces toiles s'imprégneraient trop inégalement de lessive, et se nettoieraient mal.

Il faut aussi avoir soin d'enlever à l'avance, du linge sale, les taches d'encre ou de rouille, de fruits rouges et de sang : ces taches sont les seules qui ne disparaissent pas à la lessive à la vapeur; les autres lessives les enlèvent encore moins.

L'encre et la rouille s'effacent avec le sel d'oseille, acide oxalique, etc.

Les taches de fruits rouges cèdent à la vapeur du soufre.

Le sang disparaît par un simple lavage ordinaire.

kil. de soude (4 p. 0/0) seront dissous dans les 700 kil. d'eau restants (1).

Il faut ensuite imprégner de lessive le linge à blanchir.

Pour cela, on commencera par le plus fin, et on l'imbibera successivement avec la lessive qui lui est destinée; on mettra ensuite le linge de corps, puis les draps, nappes et serviettes.

On place donc au fond d'un cuvier ordinaire plusieurs pièces de linge fin, sur lequel on jette de la lessive de manière à l'en imprégner le plus uniformément possible : on peut même le tremper dans la solution avant de le mettre dans le cuvier; mais, dans ce cas, il faut l'exprimer avant de l'y placer, parce qu'il emporterait trop de lessive avec lui. On continue ainsi, de telle sorte que le linge le plus gros se trouve au haut du cuvier.

Quant au linge le plus sale et pour lequel

_____

(1) Pour la quantité d'eau, reportez-vous au besoin à la page 61, à la note.

on a préparé de la lessive plus forte, nul inconvénient de le placer par-dessus l'autre; cependant, pour plus de propreté encore, on peut le mettre macérer dans un cuvier à part, après l'avoir imbibé de lessive (1).

Quand tout le linge est imprégné, on le foule dans chaque cuvier de macération : il est bien même d'opérer ce foulement successivement; par ce moyen, on force la lessive à se répartir uniformément, et

(1) Dans plusieurs grands établissements, on préfère ne pas mettre les torchons dans la solution ni dans le cuvier à vapeur. On les garde à part, et quand la lessive est faite, on les fait bouillir dans le résidu de cette lessive, dans la chaudière de l'appareil. S'il y avait trop peu de cette lessive de reste, on y ajoute de l'eau avec quelques cristaux de soude; cette opération repurge parfaitement les torchons et ne leur laisse aucune odeur. Au demeurant, le résidu qui reste après l'opération de la lessive se conserve fort longtemps sans se corrompre, ce qui n'a pas lieu pour les lessives faites avec la cendre.

elle doit surnager quand la totalité est employée.

Le linge étant ainsi préparé, on le laisse macérer dans la lessive jusqu'au lendemain matin, ou même jusqu'au surlendemain si l'appareil est très-grand.

Il ne faut jamais imprégner de lessive plus de linge que n'en peut contenir le cuvier à vapeur, parce que celui qui se trouverait en plus au fond du cuvier à macération retiendrait nécessairement une partie de la solution plus considérable que celle qu'il devrait avoir ; mais, quand on aura une fois éprouvé la capacité du cuvier à vapeur, cet inconvénient sera facilement évité ; quelquefois aussi le gros linge neuf, tenant plus de place qu'on ne le supposait, peut déranger les calculs sur la capacité des cuves. Le grand appareil pour 1,500 à 1,800 kil. qui existe à l'hôpital général de Poitiers, contient 1,500 kil. de linge rude et grossier, et 1,800 de linge fin (1).

(1) Nous avons rappelé, plus haut, que dans les maisons particulières on ne fait pas fréquem-

DEUXIÈME OPÉRATION.

DE LA MISE DU LINGE DANS LE CUVIER A LA VAPEUR.

§ Iᵉʳ.

Disposition de l'appareil.

Si l'on craint que les canaux du fourneau ne soient engorgés de suie, on enlève
le cuvier et le disque, on soulève la chaudière après avoir dévissé le conduit de
niveau d'eau, et on balaie le canal de cir-

ment ce qu'on appelle de grandes lessives, mais
qu'on y pratique souvent des savonnages qui coû-
tent beaucoup et usent considérablement les tissus légers qu'on a à blanchir. A l'aide du lessivage
à la vapeur, on n'aura plus besoin de faire ces
dispendieux savonnages ; il suffira d'avoir un
petit appareil portatif pour 50 kilogrammes, et
d'agir absolument de la même manière que pour
la lessive dont nous décrivons le procédé. Il est à
remarquer qu'il n'y a aucune nécessité à remplir
la cuve.

culation et tout l'intérieur du fourneau. On replace la chaudière bien carrément sur la voûte tronquée, on lute son rebord supérieur avec de la terre glaise, et l'on visse le conduit. Cette opération ne se fait guère qu'une fois par an.

On remplit ensuite la chaudière d'eau naturelle, un peu plus qu'à moitié de sa contenance, c'est-à-dire à 6 ou 8 centimètres du bord de l'orifice intérieur de la chaudière (1). On pose le disque de telle sorte qu'il se trouve partout à égale distance du bord vertical de la chaudière ; on replace le cuvier, de manière qu'il contienne le disque et soit lui-même contenu par le rebord vertical, et l'on place des morceaux de bois tournés dans les trous du

(1) Dans la pratique, on calcule le nombre de seaux d'eau à jeter dans la chaudière. Nous avons expliqué l'usage du tuyau pour maintenir le niveau de l'eau dans cette chaudière ; *cela est fort important*, car si la surface de l'eau n'était pas suffisamment éloignée du linge, l'opération ne réussirait pas, ou serait imparfaitement faite.

disque, destinés aux cheminées. Enfin,
pour éviter toute déperdition de vapeur,
on lute le cuvier lui-même au rebord de la
chaudière, avec des étoupes mouillées ou
de la terre glaise.

§ II.

Encuvage.

Pour encuver le linge, qui a macéré
depuis la veille au moins dans la lessive,
on commence par garnir, comme dans
l'ancien procédé, toute la circonférence
intérieure du cuvier avec des draps ou
charriers, et de telle sorte qu'une partie
recouvre le disque et que l'autre retombe
en dehors du cuvier. Celle qui couvre le
disque ou support sert à empêcher le linge
de s'appliquer trop immédiatement sur
l'ouverture circulaire qui est ménagée
entre le bord du disque et la circonférence
intérieure du cuvier, ce qui s'opposerait à
la libre ascension de la vapeur; celle qui
retombe en dehors sert à recouvrir le linge

lorsqu'il est tout encuvé. Par ce moyen, on conserve, sur toute la hauteur du cuvier et dans toute sa circonférence intérieure, les ouvertures auxquelles donnent naissance les angles des tringles saillantes placées au pourtour.

Lorsque les draps ou charriers sont placés, on *asscoit la lessive ou buée*, c'est-à-dire qu'on encuve le linge de la manière suivante :

On commence par placer au fond le linge le plus sale, celui de cuisine, qu'on a mis macérer à part. Il n'est pas nécessaire de prendre chaque pièce isolément : on en jette plusieurs à la fois sans inconvénient, mais en ayant soin de ne pas fouler le linge, afin que la vapeur le pénètre plus aisément (1) ; on se borne à le placer le plus uniment possible, ce qui est bien moins long et moins fatigant que le mode d'encuver et de serrer le linge d'après l'ancien système. On continue jusqu'à la fin, et ainsi le linge le plus délicat se trouve au

(1) Ceci est capital.

haut du cuvier. On voit que cette opération est exactement inverse de celle qu'on
a faite la veille, en plaçant le linge sale
dans les cuviers pour le faire macérer dans
la lessive, et cette disposition économise
encore le temps.

Quand tout le linge est encuvé, on retire les morceaux de bois avec précaution,
pour ménager le passage de la vapeur, et
on s'assure que ces cheminées ne sont pas
bouchées ou obstruées, en y faisant passer
une petite perche qui doit pénétrer jusqu'au fond de la chaudière.

On place ensuite des draps ou autres
pièces de linge, en plusieurs doubles, au
haut des cheminées ménagées dans le linge,
afin que la vapeur n'y passe pas trop vite.
Par ce moyen, cette vapeur est forcée de se
porter autour du cuvier pour communiquer ensuite sur la surface du linge, où
elle se condense tant que la température
n'est pas assez élevée pour la conserver
dans l'état gazéiforme, c'est-à-dire dans
l'état d'eau en vapeur.

On rabat alors les charriers, comme nous l'avons dit; enfin, après ces faciles précautions, on étend sur le tout un grand charrier ou plusieurs draps, qui viennent retomber en dehors du cuvier; puis on baisse le couvercle, qui par ce moyen ferme plus hermétiquement.

A l'aide de ces dispositions, d'une exécution bien aisée, on est assuré que la vapeur aura une libre ascension et qu'elle ne pourra acquérir une plus haute température que 100 degrés centigrades, température qu'on est sûr d'atteindre. Il est inutile de faire remarquer qu'il n'y a jamais d'explosion possible, car il ne s'agit pas ici de comprimer la vapeur, ni de machines closes à haute ou à basse pression; si la vapeur, par impossible, se condensait extraordinairement, le couvercle seulement serait un peu soulevé, ou bien cette vapeur pénétrerait à travers le bois de la cuve.

Nous terminerons ce paragraphe par quelques observations importantes que nous ne saurions trop recommander, au risque de nous répéter.

1° Pour le plein succès de l'opération, il faut que le couvercle ne touche pas au linge, c'est-à-dire qu'il ne faut pas remplir totalement le cuvier : on sent, en effet, qu'il est nécessaire que la vapeur circule et pénètre partout. Par une conséquence forcée, on voit qu'il n'y a aucun inconvénient à ce que le cuvier ne soit qu'en partie rempli : dans aucun cas, il ne faut fouler le linge dans le cuvier.

2° Il est d'une nécessité *indispensable* que l'eau de la chaudière ne soit jamais en contact immédiat avec le linge : il faut, au contraire, que de la surface du liquide jusqu'au linge, il y ait au moins une distance de 20 à 25 cent. pour les grands appareils, comme celui dont nous nous occupons, et de 12 à 15 pour les plus petits; toutes les fois que cette condition n'est pas remplie, il est presque impossible que la lessive réussisse. On conçoit, en effet, que le but est de porter, le plus tôt possible, la température de l'eau à 100° : or, elle n'y parvient que très-difficilement, quand elle n'est pas bien séparée du linge et qu'il n'y a pas un espace suffisant ménagé. Une longue expérience a prouvé que la lessive est, non-seulement plus promptement faite, mais *toujours* avec succès, lorsque la surface du liquide est suffisamment isolée du linge. On ouvre de temps en temps le robinet qui règle le niveau d'eau, ce qui assure la réussite de la lessive.

TROISIÈME OPÉRATION.

DU COULAGE DE LA LESSIVE A LA VAPEUR.

Il n'y a à cet égard qu'à bien diriger et entretenir le feu pendant le temps voulu. Il faut préférer le bois sec, menu ou fendu, qui produit le plus de flamme et qui ne brûle pas en étouffant.

Immédiatement après avoir encuvé le linge, ou même pendant qu'on l'encuve, il faut allumer le feu; car il est toujours avantageux que l'évaporation de l'eau commence avant que l'excès de lessive contenu dans le linge soit égoutté (1). En procédant autrement, l'opération serait ralentie par la quantité de liquide froid qui peut retomber dans la chaudière et qui va toujours croissant. L'évaporation ne pourrait ainsi avoir lieu que longtemps après l'encuvage, ce qui serait un inconvénient d'autant plus grave, que plus la chaudière contient de liquide, moins l'évaporation est abondante.

On reconnaît que le feu est bien dirigé, lorsqu'en soulevant le couvercle du cuvier, la vapeur tend à s'échapper avec force.

Si l'on veut s'assurer positivement du

(1) Après avoir placé sur la grille du cendrier du feu et du menu bois ou quelques copeaux, ainsi que du gros bois par-dessus, on ferme exactement la porte du fourneau et son registre, et l'on ouvre celle du cendrier, ce qui fait promptement embraser le bois par la force du tirage qui s'établit.

degré de chaleur, il suffit d'introduire un thermomètre à mercure dans le cuvier. S'il marque 80° au thermomètre de Réaumur, ou 100 au thermomètre centigrade, l'on est assuré que la température est partout la même, et l'opération est finie.

Dans la pratique, et pour connaître le moment d'arrêter le feu, le meilleur indice est celui que donnent les cercles de fer du cuvier. Lorsqu'ils sont assez chauds pour ne pouvoir y tenir la main, en la changeant de place trois ou quatre fois de suite, on en conclura que l'on peut éteindre le feu et que la lessive est terminée.

QUATRIÈME OPÉRATION.

DU DÉCUVAGE ET DU RINÇAGE DU LINGE.

Deux ou trois heures après avoir arrêté le feu, ou mieux encore, si l'on n'est pas pressé, lorsque le linge a passé la nuit dans le cuvier, on l'en retire et on le porte au lavoir.

Le rinçage ou lavage se borne à immerger *complétement* le linge dans une eau
courante, de rivière ou de fontaine, et à
l'y laisser *parfaitement* tremper pendant
un certain temps, après l'avoir légèrement frotté à la main. Cette immersion le
déterge et en enlève les taches, qui sont
devenues solubles par l'action réunie de
l'eau, de l'alcali ou sels lixiviels, et surtout de la grande chaleur, qui est le plus
puissant agent du blanchissage et nettoiement : on voit, pour ainsi dire, blanchir
le linge pendant l'immersion.

Il ne s'agit donc plus ensuite que d'*é-
gayer* le linge ; et il ne faut ni le brosser,
ni le battre, ni le savonner, à moins, à ce
dernier égard, que l'opération n'ait été
imparfaitement faite, et que quelques
taches n'aient échappé, parce que la température de la lessive n'aurait pas été,
dans le coulage, portée à 100° dans toutes
les parties du cuvier, ce qui est le seul cas
où un peu de savon puisse être employé.

Si l'on n'a pas d'eau courante pour faire

tremper et bien immerger le linge, et qu'on doive le rincer dans un bassin ou baquet, il faudra changer l'eau plusieurs fois, si l'on veut que le linge soit blanc ; car on sent que cette eau n'étant pas courante, l'immersion successive du linge lui communique les substances sales tombées en dissolution par l'effet de la lessive et qui altèrent forcément la limpidité de l'eau.

Lorsque par hasard il y a nécessité de savonner quelques pièces de linge, il faut le déterger dans plusieurs eaux, jusqu'à ce qu'il n'en trouble plus la transparence.

EMPLOI DE L'INDIGO.

Nous ne terminerons pas ce qui se rapporte au lessivage du linge, sans parler de l'emploi du bleu.

Tout le monde sait que les blanchisseuses sont dans l'usage de donner au linge ce qu'on appelle *un œil de bleu*. Par ce moyen, celui qui n'était pas d'une éclatante blancheur, acquiert, à la vue, un blanc factice, qui satisfait d'habitude, parce qu'on n'a pas toujours à comparer ce blanc avec un blanc parfait.

Mais qu'arrive-t-il du linge successivement passé au bleu ?

Le voici :

Le bleu soluble qui s'obtient avec l'indigo, donne une teinture solide ; et, par conséquent, du linge qui pour la première fois a été mis au bleu, reçoit l'impression d'une matière colorante, sur laquelle l'alcali, fortement étendu d'eau, employé pour la lessive, n'exerce pas une action assez énergique pour enlever toutes les molécules que le bleu lui a imprimées, ce qui doit déjà en altérer la blancheur.

Mais on a bientôt masqué cet inconvénient par de nouveau bleu, sans avoir égard à ce que sera ce linge après une seconde lessive. En accumulant ainsi bleu sur bleu, on diminue graduellement la blancheur du linge, blancheur qui doit lui être naturelle ; et l'on remarque que plus il a servi, plus les blanchisseuses y mettent de ce bleu.

Il faut plusieurs lessives successives pour rendre au linge ainsi *teint* sa blancheur primitive ; et , pour y parvenir complétement , il serait même nécessaire de recourir aux chlorures qui attaquent les tissus ; mais nous pensons qu'il vaut mieux conserver le linge blanc , que de l'altérer par la couleur que lui imprime l'indigo.

Cependant, nous ne faisons cette observation que pour faire voir que cette pratique vicieuse , en altérant le linge, ne sert qu'à masquer les défauts du blanchissage ; nous n'avons nullement voulu fronder le goût des personnes qui préfèrent le linge *bleu* au linge *blanc*.

RÉSUMÉ.

Nous clorons ce petit traité par un tableau abrégé et comparatif des pratiques de l'ancien système du blanchissage , mises en regard de celles du lessivage à la vapeur.

ANCIEN PROCÉDÉ.	NOUVEAU PROCÉDÉ.
SIX OPÉRATIONS.	QUATRE OPÉRATIONS.

ANCIEN PROCÉDÉ.

SIX OPÉRATIONS.

1º *Essangeage.*

Opération inutile, longue et coûteuse, par le savon, le temps et la main-d'œuvre qu'on y emploie : détériore le linge par le frottement et l'usage des battoirs, brosses, etc.

2º *Encuvage.*

Travail long et pénible par le soin qu'il faut y apporter pour serrer et empiler le linge.

3º *Coulage à froid.*

Opération inutile, et incertitude sur la quantité du liquide, etc., etc.

4º *Coulage à chaud.*

Procédé vicieux, incertain, long et pénible : grande dépense de bois ; mélange des impuretés du linge par le voidage ; chaleur *toujours* insuffisante pour enlever les taches, miasmes, insectes et leurs œufs ; linge toujours coloré, etc., etc.

5º *Savonnage.*

Toujours indispensable, long, coûteux ; détériore le linge par le frottement ; main-d'œuvre considérable.

NOUVEAU PROCÉDÉ.

QUATRE OPÉRATIONS.

1º *Préparation du linge et sa macération dans la lessive.*

Point d'essangeage ; et la mise du linge dans les cuviers, pour l'imprégner de lessive et le faire macérer, est une opération facile, et qui ne peut nullement être comparée à l'essangeage.

2º *Encuvage.*

Travail moins rude que celui anciennement pratiqué. Il n'y a à prendre que quelques précautions très-simples.

Point de coulage à froid.

3º *Coulage de la lessive à la vapeur.*

Rien autre chose qu'à conduire le feu : une seule personne suffit. Tout est fini en peu d'heures, sans peine ni travail. Le linge est toujours parfaitement blanc et dégagé de toutes impuretés, etc. ; économie énorme de combustible.

Point de savonnage.

6° *Rinçage.*	4° *Rinçage.*
C'est une sorte de renouvellement de l'essangeage : il faut laver et déterger le linge du savon qu'il contient, le frotter, brosser, battre, etc.; tout quoi l'use sans nécessité et à grands frais.	Simple immersion du linge dans l'eau ; ni battoirs, ni brosses, etc.; moitié moins de laveuses que pour le lavage ordinaire.

La simplicité et la facilité extrêmes de la mise en pratique du *lessivage à la vapeur* viennent donc se joindre aux avantages bien plus importants encore que nous avons signalés au cours de ce traité, et dont les principaux sont la salubrité, la perfection du blanchissage et l'économie.

L'économie peut se résumer ainsi qu'il suit :

1° Les trois quarts au moins du combustible ;

2° Tout le savon ;

3° Une assez grande différence en moins du prix de la soude employée, comparé à celui des cendres qu'on eût achetées pour la même lessive ;

4° Les deux tiers au moins de la main-d'œuvre ;

5º Enfin le linge, nettoyé par le procédé de la vapeur, supporte trois fois plus de blanchissages que celui traité par l'autre système, qui l'use beaucoup plus vite.

La dépense pour frais d'établissement des appareils à la vapeur est à peu près la même que celle d'érection des anciennes buanderies; mais, fût-elle plus élevée, l'économie du blanchissage aurait bientôt plus que comblé la différence.

Tout se réunit donc pour faire généralement adopter un procédé dont l'utilité est incontestable, et détruire, sans retour, le préjugé routinier qui voudrait encore préconiser l'ancien système des lessives.

OBSERVATIONS FINALES.

Nous n'avons pas voulu surcharger ce manuel de détails étrangers au lessivage en lui-même, quoiqu'ils s'y rattachent. Ainsi nous n'avons rien dit des appareils pour laver, faire sécher le linge blanchi, le presser, etc., etc.

7

Il eût donc été facile d'allonger beaucoup ce traité ; mais plus de développements étaient superflus quant à la *théorie*, dès longtemps appréciée par les gens de l'art ; et les procédés de la *pratique* nous paraissent suffisamment détaillés.

Enfin, l'on sait qu'il n'y a rien de si aisé que d'utiliser la cuve à vapeur pour certains usages domestiques, et notamment pour faire cuire les légumes pour les bestiaux, pour faire étouffer les cocons des vers à soie, etc., etc.

PIÈCES JUSTIFICATIVES.

1º.

EXPÉRIENCES OFFICIELLES FAITES A POITIERS.

Nº 1er.   Poitiers, le 4 avril 1838.

Le Préfet de la Vienne,

A M. BOURGNON de LAYRE, Conseiller à la Cour royale.

« Monsieur,

» J'ai l'honneur de vous adresser ampliation d'un arrêté qui nomme les membres de la commission chargée d'examiner les appareils perfectionnés par vos soins, que vous avez fait établir dans les hospices de cette ville, pour le lessivage du linge à la vapeur d'eau , et d'en constater les précieux résultats.

» Vous aurez à vous entendre avec MM. les membres de cette commission pour la fixation du jour et de l'heure où vous vous réunirez à l'Hôpital-Général , et à leur communiquer les dispositions de mon arrêté.

» Recevez, Monsieur, l'assurance de ma considération distinguée.

» *Le Préfet,*

» Eug. MANCEL. »

N° 2.

DÉPARTEMENT DE LA VIENNE.

Extrait du registre des arrêtés du Préfet.

Nous, Préfet du département de la Vienne,

Vu la lettre de M. Bourgnon de Layre, conseiller à la Cour royale de Poitiers, par laquelle il nous informe qu'ayant besoin de justifier à la *Société d'encouragement pour l'industrie nationale* qu'il a perfectionné le système du lessivage à la vapeur d'eau, il désirerait que les appareils qu'il a fait établir dans les hospices de Poitiers, notamment celui de l'Hôpital-Général, fussent vus et visités par une commission à notre choix,

Avons arrêté et arrêtons ce qui suit :

Art. 1er.

Une commission composée de trois membres se réunira à l'Hôpital-Général de cette ville , pour , en présence de M. Bourgnon de Layre , constater les avantages du procédé qu'il a introduit dans cet établissement pour le lessivage du linge ; il sera dressé procès-verbal de cet examen et des expériences qui auront été faites.

Art. 2.

Sont nommés membres de cette commission :

MM.

Mounier, ingénieur en chef des ponts et chaussées ;

Barilleau, directeur de l'école secondaire de médecine ;

Tharreau, administrateur des hospices.

Art. 3.

Expédition du présent arrêté sera envoyée à M. Bourgnon de Layre, pour se concerter avec MM. les membres de la commission ci-dessus nommés, sur le jour et l'heure de la réunion.

Fait en l'hôtel de la Préfecture, à Poitiers, ce 4 avril 1838.

Signé Eug. MANCEL.

Pour expédition,

Signé Eug. MANCEL.

N° 3.

Extrait des minutes déposées aux archives du département de la Vienne.

Procès-verbal de la commission chargée d'examiner le système du lessivage à la vapeur établi dans les hospices de Poitiers.

Nous, soussignés, Maurice-Théodore-Casimir *Mounier*, ingénieur en chef des ponts et chaussées du département de la Vienne ; Claude-Charles *Barilleau*, docteur en médecine, médecin en chef de l'hospice de Poitiers, directeur de l'école secondaire de médecine de cette ville ; et Leufroy *Tharreau* , administrateur des hospices de la même ville de Poïtiers, nommés par arrêté de M. le préfet du département de la Vienne, en date du quatre avril dernier, pour constater les procédés du lessivage du linge à la vapeur d'eau introduit dans les hospices de Poitiers par M. Bourgnon de Layre, conseiller à la Cour royale de Poitiers ;

Après avoir, conformément audit arrêté, visité en détail les divers appareils montés, tant à l'Hôpital-Général qu'à l'Hôtel-Dieu de Poïtiers, en présence de M. Bourgnon de Layre et de Mmes les supérieures de ces établissements , nous avons fait opérer spécialement deux lessives au grand appareil disposé à l'Hôpital-Général, pour 15 à 1,800 kilog. de linge sec, lesquelles lessives ont eu lieu, savoir :

La première les 7 et 9 avril, et la deuxième les 28 et 30 du même mois, toujours en présence de M. Bourgnon de

Layre et de Mme la supérieure de l'établis-sement.

Voici les détails et les résultats de ces opérations :

Première lessive, commencée le 7 avril 1838.

Le poids du linge soumis à cette pre-mière lessive devant être de 1,500 kilog., on a calculé, d'après les indications four-nies par M. Bourgnon de Layre, et énoncées dans son mémoire, qu'il fallait employer :

1° Cristaux de soude 1|20 du poids du linge. . . . . 75 kil.

2° Eau pour dissoudre les crist..ux de soude, imbiber et saturer le linge, un poids égal à celui du linge sec. 1,500 kil.

Idem pour rem-plir la chaudière jusqu'au niveau fixé par le régula-teur établi dans sa paroi. . . . . 400 kil.

1,900 kil.

En conséquence, nous avons,

1° Fait peser les 1,500 kil. de linge qui devaient être soumis à l'opération ; ce linge était divisé en différents paquets et se composait de la manière suivante :

478 draps, 378 chemises d'hommes, 387 chemises de femmes, 190 gardemantes, 91 tabliers de cuisine, 72 tabliers d'infirmiers, 213 torchons, 94 mouchoirs, 73 gros morceaux, 88 coiffes, 22 essuie-mains, 9 taies d'oreillers, 50 kilog. de divers paquets.

2° Fait peser 75 kilog. de cristaux de soude, lesquels étaient distribués en quatre sacs du poids de 18 kil. 75 chacun.

3° Vérifié la capacité des seaux qui devaient être employés à verser l'eau tant dans les auges en pierre où le linge est d'abord trempé, que dans la chaudière : elle a été trouvée très-sensiblement de 10 kilog. d'eau.

4° Enfin, nous avons fait peser et mettre à l'écart 287 kilog. de bois fagots et bûches refendues, nous réservant de déterminer, lors du chauffage, la quantité qu'il faudrait ajouter ou celle qui ne serait pas employée.

Ces opérations préparatoires étant finies, nous avons prié Mme la supérieure de faire commencer la lessive, en suivant exactement la marche qu'elle emploie depuis deux ans environ que l'appareil existe dans son établissement.

Deux des sacs de soude, dont nous avons déjà parlé, ont été versés dans deux baquets en bois ; on a employé pour dissoudre les cristaux de chaque sac, trois seaux d'eau pesant ensemble 30 kilog. L'eau de chaque baquet, ainsi saturée de soude, a été versée dans un bassin ou auge en pierre, dans lequel on a ajouté 34 seaux et demi d'eau pure, ce qui, joint aux trois seaux déjà employés avec la soude, formait le total de 37 seaux et demi ou 375 kilog. d'eau par auge.

A ce moment, la sœur lessivière nous a fait observer que l'eau ne s'élevait pas dans les auges à la hauteur d'une ligne de niveau tracée sur leur paroi intérieure, et qui lui servait habituellement de repère ; qu'il fallait pour arriver à cette ligne 43 à 44 seaux d'eau, c'est-à-dire 6 seaux ou 60 kilog. de plus que nous n'en avions employé ; malgré cette observation, nous avons maintenu la quantité primitivement indiquée de 375 kil. par auge.

Alors on a plongé successivement dans chaque bassin la quantité de linge sec nécessaire pour absorber l'eau ou lessive qu'il contenait ; ce linge en a été retiré pièce par pièce en l'exprimant fortement, et déposé dans le grand cuvier en bois placé près de l'appareil à vapeur et où il doit macérer pendant quelque temps.

Lorsque l'eau des deux bassins a été complétement épuisée, on a recommencé l'opération d'une manière exactement semblable, au moyen des deux sacs de cristaux de soude qui restaient et d'une quantité d'eau égale à celle déjà employée, c'est-à-dire de 375 kil. par auge ou bassin.

Ici s'est vérifiée l'observation qui nous avait été faite par la sœur lessivière. Le liquide des bassins n'a pas été suffisant pour imbiber les 1,500 kilog. de linge pesé ; il est resté deux paquets de draps et deux sacs de torchons. Mais nous devons ajouter que, plus tard, ou a trouvé dans le cuvier où le linge avait macéré, l'eau nécessaire pour imprégner les deux paquets de draps, et qu'ainsi on n'a eu à retirer que les deux sacs de torchons pesant ensemble 130 kilog. Nous devons dire encore que l'insuffisance du liquide nous a paru tenir *uniquement* à la qualité très-grossière du linge employé et à la faiblesse des femmes qui le retiraient du bassin, sans pouvoir l'exprimer autant qu'il eût été possible.

Le lundi matin 9 avril, nous sommes retournés à l'Hôpital-Général : le linge avait été retiré du cuvier, déposé et arrangé dans la cuve placée sur l'appareil à vapeur ; le feu avait été allumé dans le fourneau, d'abord faiblement, ensuite

avec plus d'intensité ; la vapeur s'échap-
pait avec la plus grande force sous le couvercle supérieur de la cuve ; on s'occupait
de fermer et boucher toutes les issues avec
des étoupes et linge mouillés ; une seule
femme suffisait à ce travail, ainsi qu'à
l'entretien du feu.

Le même jour, à quatre heures du soir,
nous sommes revenus à l'Hôpital-Général;
nous avons fait lever de nouveau le couvercle supérieur de la cuve ; la vapeur
était brûlante ; le thermomètre de Réaumur, plongé à plusieurs reprises dans l'appareil, s'élevait promptement à 80 degrés.
L'opération était donc complétement terminée ; elle avait duré huit heures, et
avait consommé 250 kilog. de bois environ,
c'est-à-dire qu'il en restait 30 à 40 kilog.
dans le tas que nous avions fait peser le
premier jour. Cependant, on voulut donner un dernier coup de feu, le reste du
bois fut mis dans le fourneau, et l'opération se prolongea jusqu'à cinq heures du
soir, *ce qui était absolument inutile.*

Le lendemain 10 avril, à quatre heures du matin, on retira le linge de la cuve, et l'on procéda au lavage ou rinçage. Nous allâmes également examiner cette dernière opération, qui s'exécutait exactement suivant la méthode ordinaire ; le linge était frotté assez fortement avec les mains, frappé au battoir (usage que la routine persiste à employer), et l'on employait le savon pour faire disparaître toutes les taches grasses qui se montraient encore. Nous fîmes essayer cependant si l'on ne pourrait pas supprimer entièrement le savon, et nous reconnûmes que si la chose était rigoureusement possible, il en résulterait au moins une augmentation de main-d'œuvre et de frottement, que l'économie du savon ne compenserait pas. Au reste, il n'avait été distribué aux laveuses que 4 kilog. de savon, et la supérieure nous a assuré qu'elles en avaient consommé moins d'un kilog. *seulement.*

Tels sont les détails et résultats de la première lessive, à laquelle nous avons assisté : on a pu remarquer que quelques irrégularités avaient eu lieu dans l'opération ; que la totalité du linge préparé n'avait pas pu être imprégnée de liquide ; que le feu n'avait pas été conduit avec toute la précision désirable ; en conséquence nous jugeâmes convenable de suivre une nouvelle lessive. Mme la supérieure nous fit connaître que la plus prochaine aurait lieu le samedi 22 avril, et nous renvoyâmes à ce jour-là la suite de l'examen qui nous était confié.

Pendant les visites que nous avons faites à l'Hôpital-Général les 7, 9 et 10 avril, nous nous sommes fréquemment entretenus avec Mme la supérieure et avec la sœur chargée du lessivage : ces dames nous ont paru convaincues, *aussi fortement que possible*, des avantages du nouveau système ; pour *rien au monde* elles ne voudraient revenir à l'ancien.

On fait à l'Hôpital deux grandes lessives par mois, c'est-à-dire des lessives de 15 à 1,800 kil. de linge ; on les commence toujours le samedi matin ; on laisse macérer le linge dans les cuviers pendant trente-six heures environ ; le lundi matin on l'encuve. Le coulage à la vapeur dure sept à huit heures, et consomme 200 à 230 kil. de bois.

Lorsqu'on emploie le petit appareil, qui peut contenir de 300 à 400 kil. de linge, on ne commence la lessive que le lundi matin, et le linge ne reste à macérer que pendant douze heures ; mais pour la lessive de 1,500 kil., le temps manquerait pour agir ainsi ; la sœur lessivière pense d'ailleurs que trente-six heures de macération sont d'un grand avantage pour le blanchissage du linge.

Deuxième lessive, commencée le 28 avril 1838.

Poids du linge soumis au lessivage, 1,600 kil.

Poids de la soude employée, 75 kil.

Poids de l'eau :

1° Pour la prépara-
tion du linge. . . 1,700 k. } 2,100 kil.
   2° Pour remplir la
chaudière. . . . 400 k.

On s'est dispensé, dans cette deuxième
opération, de peser l'eau, les bassins dans
lesquels on la verse au moyen d'une
pompe ayant été mesurés et jaugés à l'a-
vance jusqu'au niveau de la ligne ou repère. Le linge a été exactement pesé ; mais
on se dispense ordinairement aussi de
cette opération, attendu que le poids des
différentes pièces est suffisamment connu
des sœurs buandières. Le linge est resté à
macérer dans le cuvier pendant trente-six
heures, comme il est d'usage ; il a été
encuvé avec les précautions ordinaires ; le
lundi 30 avril, au matin, à huit heures,
le feu a été allumé dans le fourneau de la
chaudière, poussé d'abord faiblement,
ensuite avec plus de force, alimenté ainsi
jusqu'à trois heures après midi, époque
où le thermomètre de Réaumur, plongé

dans la cuve, s'est élevé à 80°. Le feu s'est encore soutenu pendant près d'une heure, mais sans addition de combustible. On avait disposé pour le chauffage 20 fagots du poids moyen de 12 kil. 50 l'un; 16 seulement ont été employés, ce qui porte le poids du bois consommé à 200 kil. (1).

Cette 2e lessive a parfaitement réussi; le lavage du linge a eu lieu les mardi et mercredi suivants, et n'a employé, d'après la note qui nous a été remise par la supérieure, que 1 kil. 75 de savon.

Tels sont les détails et résultats des deux opérations faites en notre présence, et que nous avons suivies avec le plus grand soin; en les résumant on trouve :

Que le coulage à la vapeur, pour une lessive de 15 à 1,800 kilog. de linge, dure sept à huit heures et consomme 200 kilog. de bois pour 2,000 kil. d'eau au moins, mise en ébullition et maintenue à l'état de vapeur pendant toute l'opération; qu'une

(1) Chacun de ces fagots coûte 20 cent.; ainsi les seize employés font 3 fr. 20 cent.

seule femme suffit pour alimenter le feu et conduire toute l'opération : dans l'ancien système, au contraire, et pour une lessive semblable, le coulage durait *au moins* 24 heures consécutives, c'est-à-dire une nuit et un jour, consommait 800 à 900 kilog: de bois, et exigeait plusieurs femmes travaillant à la fois.

Ce résultat, qui tient à la forme de l'appareil et aux dispositions du fourneau, nous a paru le plus important ; nous avons tenu à le constater de la manière la plus positive et la plus précise.

Le lessivage à la vapeur réussit *toujours* et donne un linge bien blanc et bien détaché ; plus de lessives manquées comme autrefois. Il produit aussi des économies *très-considérables* dans la quantité de savon à employer, et dans la main-d'œuvre du lavage.

Poitiers, le 29 mai 1838.

Signé L. THARREAU, BARILLEAU
et MOUNIER.

Pour expédition conforme à la minute existante aux archives de la préfecture de la Vienne.

Le Préfet,

Signé Eug. MANCEL.

———

2°.

RAPPORT ADRESSÉ AU MINISTRE DE L'INTÉRIEUR.

———

SOCIÉTÉ D'ENCOURAGEMENT POUR L'INDUSTRIE NATIONALE.

———

Rapport fait par M. Herpin, *au nom du comité des arts économiques, sur l'appareil de lessivage du linge, présenté par M. le baron* Bourgnon de Layre, *conseiller à la Cour royale de Poitiers.*

« M. le ministre de l'intérieur vous » avait consultés, il y a quelque temps, » sur le mérite de l'appareil à lessiver le

» linge par la vapeur, qui lui a été soumis
» par M. le baron *Bourgnon de Layre.*

» Avant de se prononcer d'une manière
» définitive sur cet appareil, dont on pou-
» vait cependant prévoir les bons effets,
» à cause de son affinité très-grande avec
» celui de *Curaudeau*, votre comité des
» arts économiques a voulu obtenir des
» renseignements positifs, basés sur des
» expériences exactes et authentiques.

» Pour satisfaire à ce désir, une com-
» mission nommée par M. le Préfet de la
» Vienne, et composée de MM....., a fait
» procéder, sous ses yeux, à des expé-
» riences spéciales, et a recueilli divers
» documents, dont je vais avoir l'honneur
» de vous rendre compte. »

Ici se trouve l'analyse du procès-verbal
dressé à Poitiers le 29 mai 1838, et que
nous avons donné plus haut en son entier.

Après ces détails, M. le rapporteur se
livre *uniquement* à un examen comparatif
sur les quantités de bois employées par
divers systèmes de blanchissage, quantités

qui sont, à peu de chose près, les mêmes ;
et après avoir reconnu « qu'il serait im-
» possible de préciser d'une manière ri-
» goureusement exacte le mérite relatif
» de ces divers appareils, » *sous ce point
de vue spécial*, il termine ainsi :

« Au surplus, les faits consignés dans
» le rapport de MM. les commissaires de
» la Vienne, une expérience continuée
» avec succès pendant plusieurs années
» dans les hospices de la ville de Poitiers,
» enfin le témoignage favorable des per-
» sonnes chargées de la direction des
» buanderies et du soin du linge dans ces
» hospices, suffisent pour établir d'une
» manière satisfaisante les avantages des
» appareils de M. le baron *Bourgnon de*
» *Layre.*

» Nous pensons donc qu'ils doivent être
» mis au nombre de nos bons appareils
» de lessivage économique.

» Telles sont, Messieurs, les conclu-
» sions que votre comité vous propose de
» transmettre à M. le ministre de l'inté-

» rieur, en lui rappelant celles que vous
» avez adoptées précédemment sur le
» même objet (1).

» *Signé* HERPIN, rapporteur.

» Approuvé en séance, le 30 janvier
1839. »

(1) Les conclusions adoptées précédemment
l'avaient été à la séance du 14 mars 1838, insé-
rées au *Bulletin* d'avril suivant. Elles tendaient
principalement à obtenir la vérification ordonnée
par M. le Préfet de la Vienne, et dont le procès-
verbal a été donné plus haut.

Quant au rapport du 30 janvier 1839 ci-dessus,
il se trouve dans le *Bulletin de la Société d'encouragement* des mois de février et mars 1839 :
la description du système s'y voit en détail, avec
la gravure des plans et coupes de l'appareil.

EXPLICATION

FIGURE Ire.

Projection verticale de l'appareil monté.

AB, *CD*, lignes des coupes ou profils des figures suivantes :

a b c d, entrée évasée du fourneau ;

e, porte du fourneau avec son registre ;

k, porte du cendrier avec son registre ;

f, *f*, tuyau de la cheminée ;

g, *h*, bord vertical de la chaudière dans lequel la cuve est enchâssée ;

j, *j*, massif en maçonnerie dans lequel est construit le fourneau ;

m, *m*, cuve en sapin rouge du Nord avec son couvercle fermant à tabatière, contenue par trois cercles de fer avec écrous ;

n, *n*, couvercle en bois double, revêtu de plomb en dedans ;

8

r, robinet pour maintenir le niveau
d'eau dans la chaudière : ce robinet existe
à tous les appareils ;

s, robinet pour vider la chaudière.

Ce robinet ne peut être pratiqué qu'aux
appareils fixes.

FIGURE II.

*Projection horizontale du fourneau de
l'appareil.*

AB, *CD*, lignes des coupes ou profils ;

a, centre du fourneau ras-terre ;

b, *b*, *b*, *b*, fond du fourneau, d'un diamètre égal à celui de l'ouverture de la
chaudière ;

d, *d*, *d*, *d*, fin de la voûte tronquée du
four ou fourneau, sur le bord supérieur
de laquelle s'appuie le fond de la chaudière ;

b d, distance qui donne l'inclinaison de
la voûte du fourneau ;

c, *c*, échancrure intérieure pour l'entrée de la flamme dans le canal de circulation ;

f, *f*, orifice inférieur de la cheminée dans le canal de circulation ;

g h i k, porte du foyer ;

g h l m, évasement de la maçonnerie du massif, pour l'entrée du fourneau ;

n, *n*, *n*, *n*, rebord vertical de la chaudière, dans lequel on place la cuve ;

o, *o*, massif de maçonnerie, dans lequel est pratiqué le fourneau.

z, *z*, barres du cendrier.

FIGURE III.

*Coupe sur la ligne **A B** des figures précédentes, du fourneau et de la chaudière de l'appareil.*

a b, largeur totale de la chaudière avec son rebord ;

a c, rebord aplati ;

c d, largeur sans le rebord ;

e f, inclinaison de ce rebord ;

f g, profondeur réduite par le renflement ;

$d\,i$, $c\,k$, plus grande profondeur de la chaudière ;

gh, puissance du renflement de la chaudière ;

gp, hauteur totale du fourneau, y compris le renflement de la chaudière ;

po, hauteur du cendrier ;

t, p, u, diamètre inférieur du fourneau ;

m, l, t; m, l, u; voûte surbaissée en briques ;

q, q, conduit de circulation ou serpentin , pour le passage de la flamme et de la fumée ;

x, massif de maçonnerie ;

z, z, grille du cendrier ;

aa, massif intérieur du fourneau.

FIGURE IV.

Coupe sur la ligne C D des figures 1 et 2 représentant le fourneau et la chaudière de l'appareil.

a, porte du fourneau ;

b, *id.* du cendrier ;

c, échancrure pour l'introduction de la flamme dans le conduit de circulation ;

d, ouverture inférieure de la cheminée ;

e, pierre épaisse qui recouvre l'évasement de l'entrée du foyer.

Nota. Les autres dimensions sont indiquées à la figure 3. La coupe du cendrier montre les tringles intérieures.

FIGURE V.

Projection horizontale du disque ou support du linge.

ab, diamètre de ce disque en fer et tôle ou bois, doublé en plomb ;

c, *c*, *c*, *c*, *d*, trous pratiqués pour établir des conduits ou cheminées, pour l'ascension de la vapeur à travers le linge ;

8°

f, f, f, f, lignes ponctuées indiquant la charpente en fer ou bois, sur laquelle le disque est assujéti.

FIGURE VI.

Projection verticale du disque.

k, k, k, k, pieds de la charpente en fer ou bois, pour appuyer le disque sur les bords inclinés de la chaudière.

FIGURE VII.

Bois tournés pour les cheminées du disque.

o, o, cylindre en bois blanc plein ou creux, formé avec des planches légères ;

p, bout inférieur avec épaulement, destiné à être placé dans les trous du disque, sans pouvoir s'enfoncer plus loin que la rainure ;

r, r, poignées pour retirer le cylindre quand le linge est encuvé.

Nota. En se reportant au tableau de la page 89 du traité, on y trouvera les dimensions de chaque partie des pièces des appareils figurés dans la planche, selon la capacité de ces appareils, ce qui rend inutiles de plus longues explications.

On fait observer qu'on n'a point donné d'échelle des plans, qui ne sont pas dessinés sur les mêmes dimensions. Cela était inutile à l'aide du tableau qui donne toutes les mesures : il suffisait en effet de faire voir les formes des diverses parties des appareils, et les figures remplissent parfaitement cet objet.

TABLE.

—

	Pages.
Avertissement.	5
AVIS DES ÉDITEURS sur la publication de ce manuel.	9
INTRODUCTION.	13
Divisions du traité.	14
NOTIONS PRÉLIMINAIRES.	ib.
Différence du blanchiment avec le blanchissage.	ib.
Principales substances employées au blanchiment des tissus. . . . . . . .15 et s.
Examen des substances employées au blanchissage du linge.	21
1° Les cendres.	ib.
2° La potasse.	24
3° La soude.	26
Tableau de M. Robiquet, indiquant le degré de force des lessives.	31
CHAPITRE PREMIER. — Des divers systèmes de blanchissage.	32
Définition et objet du blanchissage en général.	ib.
ARTICLE PREMIER. Des anciennes lessives.	34

§ 1er. Essangeage. 35

§ 2 et 3. Encuvage et coulage à froid. . *ib.*

§ 4. Coulage à chaud. 37

§ 5. Savonnage. 42

§ 6. Lavage et rinçage. 43

Découvertes de Berthollet, Chaptal, Curaudau et autres qui ont perfectionné le
blanchissage. . . . , ...44 et s.

Art. 2. Du lessivage à la vapeur. . . . 50

Définition, — résultats, — avantages. .51 et s.

§ 1er. Choix de l'eau pour la composition
d'une bonne lessive. 58

Moyen pour corriger l'eau trop dure. . . *ib.*

§ 2. Composition de la lessive pour 50 kil.
de linge sec. . . . . .59 et s.

CHAPITRE II. — *Disposition des appareils pour le lessivage à la vapeur.* . . 64

Article premier. Du fourneau. . . . 65

Art. 2. De la chaudière. 72

Art. 3. Du cuvier. 76

Note particulière aux grands appareils,
dits appareils fixes. 81

Observation importante. 87

Tableau général *des dimensions des
appareils selon leur capacité.* . . 89

CHAPITRE III. — *Détails du procédé
mécanique pour faire la lessive à la
vapeur.* . . . . *ib.*

PREMIÈRE OPÉRATION. — Préparation du
    linge et sa macération dans la lessive.   90

SECONDE OPÉRATION. — De la mise du
    linge dans le cuvier à la vapeur. . .   97

§ 1ᵉʳ. Disposition de l'appareil. . . .   *ib.*

§ 2. Encuvage.   99

TROISIÈME OPÉRATION. — Du coulage de
    la lessive à la vapeur.   105

QUATRIÈME OPÉRATION. — Du décuvage
    et du rinçage du linge. . . . .   106 .

Observations sur l'emploi du bleu ou solu-
    tion d'indigo.   108

RÉSUMÉ. Tableau comparatif de l'ancien
    blanchissage et du lessivage à la vapeur.   110

Grande économie du nouveau système.   112

OBSERVATIONS FINALES.   113

PIÈCES JUSTIFICATIVES. . . .   115

1° EXPÉRIENCES OFFICIELLES *faites à Poi-*
    tiers. . . . .   *ib.*

Nº 1ᵉʳ. *Lettre* du Préfet de la Vienne.   *ib.*

Nº 2. *Arrêté* du même fonctionnaire. .   116

Nº 3. *Procès-verbaux* de la commission. 118 et s.

2° RAPPORT AU MINISTRE DE L'INTÉRIEUR
    par la Société d'encouragement pour
    l'industrie nationale.   132

EXPLICATION de la planche des figures. .   137

Poitiers. — Imp. de F.-A. SAURIN.

www.ingramcontent.com/pod-product-compliance
Lightning Source LLC
Chambersburg PA
CBHW071854200326
41519CB00016B/4381